U0050062

# 髮型設計

## Hair Design

李樹德◇著

# Preface

*作者的話*

　　在寫這本書的時候，是抱持著一顆回饋給業界的心，從自己踏上這個行業的時候，曾經得到過許多前輩的幫助，同時也為了自己的基礎概念更踏實，遠赴重洋到美髮的聖地—倫敦，從基礎理念開始紮根，相信我所付出的時間、金錢、體力、環境的克服都比別人多更多，因為我知道自己出道比別人晚，我要更加努力才會有自己的一片天空，雖然現在的我有一些小小的知名度，但我希望藉由自己曾學習過的經驗與每個想從事此行業或已踏入此行業的朋友分享，許多事情不會因先後或早晚而影響自己，只要有正確的概念，努力一定會成功的。

　　這本書的動機，是想告訴初學者或對自己的基礎概念沒把握想進修者的參考書，我花了許多時間，參考國內外書籍，用最簡單明瞭的用詞來介紹給大家，剪髮不是那麼的難，只要有空間及角度的概念，配合自己的審美眼光，即可剪出一個非常好的髮型，同時也藉由染、燙髮的原理與技巧，搭配著剪髮就很容易完成一個髮型造型出來，所以不要擔心自己的能力，重要的是基礎的理念是否踏實，其次設計的東西就要由輔助資料及自己的鑑賞能力來完成，「師傅領門，修行在個人」，其中的奧妙就要自己來領悟了。

　　最後非常感謝參與此書攝影的攝影師李建德，花了許多時間協助拍照事宜，以及我的學生慧菁、月君、愷薇、千慧、秋萍、秀玲…等協助化妝及擔任模特兒的學生們熱情協助，鼎力支持，讓我不勝感激，也謝謝我的家人及師長朋友等，一路走來，始終如一的支持我，謝謝大家！

認識你許久，一直相當欣賞你的才華。一直以來你是我最信任的專業造型師，知道你要出書，從心中由衷的替你開心，也希望藉由這本書，啟發更多愛美的男男、女女，更清楚如何裝扮自己，讓這個世界能更美麗、美好，增添更完美的視覺享受。 祝你成功！

我認識的樹德，是一個嗓門大到可以用「聒噪」來形容的人！但也代表他可以在一群人中特別的顯眼，因此在他獨特創意下的髮型，是絕對能讓您眼睛為之一亮的！

我一直在想，以樹德的人脈和天賦，為什麼不寫一本八卦秘辛之類的書，定勁爆又有賣點。不過我想這是未來目標吧！就像我覺得他也蠻適合Talk Show的主持人一樣。

俗語說：「酒越沉越香」這句話拿來形容樹德是最恰如其分，並不是說他德高望重，而是指我們的友誼，亦即認識樹德越久，越從他身上發現許多驚喜。我們是那種「太陽底下沒有新鮮事」的狀況下結緣，那時我才出道主持第一個節目沒多久，在一次拍雜誌封面時遇上。老實講，我那時既菜又土，皮膚也糟，所以在所謂「美麗的魔術師」之前當然自卑，覺得造型師的生活光鮮多彩，是怎樣也不會把我這種醜菜鳥放在眼裡。

後來證明我是多想了，也許同屬火象星座，不論閒聊、八卦、訴苦，他是一個很好的朋友，也把我當成自己的妹妹看待。努力地幫我介紹Case、引薦機會等，我臨時求助的一通電話，也能馬上得到他的回應相助，有這樣的好朋友，是很值得驕傲的。

第一本的髮型書，應該只是樹德跨足出版界，晉身為作家的第一步，不認識他的可以對美髮概念有充分的獲益，像我們這些朋友也會發現他在隨和幽默外的犀利，我想這只是一個開始，接下來關於彩妝、整體造型、甚至育兒八卦，相信他會有更多不同於人的見解，當然，我也滿心期待囉！

三立都會台「生活報報」節目主持人

才華洋溢的李樹德，不但手巧、手藝好，經由他的手，讓我們對自己更有信心，讓我們的外型更光鮮奪目，令我們的三千煩惱絲轉眼間變的亮麗有型、炫爛繽紛的青絲。

現在的李樹德，不但把美髮造型，提昇到了登峰造極的境界，他把自己所學發揮至淋漓盡致。但是他對自己的成就，並不就此滿足，所以，他就決定跨行到出版界，把自己經驗累積的造型美髮技術出書，希望透過此書，能讓更多人知道李樹德的才華。之外呢？還能令更多人了解美髮造型對自己的重要性。

樹德的新書精彩絕倫！

經過他的手，改變了我，完美的展現在台前！

新書大賞

出書成功！！

一定要讓人永遠記得
如果做不成最好的！
一定要做最壞的。

出書成功！！

能說話的人，鬼點子多！
所以創意也多……！！
此書一定是你最佳的造型指
導！！
造型書大賣！！

開心！

不占別人便宜！

但只要能偶爾缺德一下就好。

Good Luck in Your New Book！！

做自己，做最好的造型！

祝

新書大賞！

讀者滿天下！！

Do your self！

造型一級棒！！

流行指標！

新書大賣！！

造型書「大賣」！！

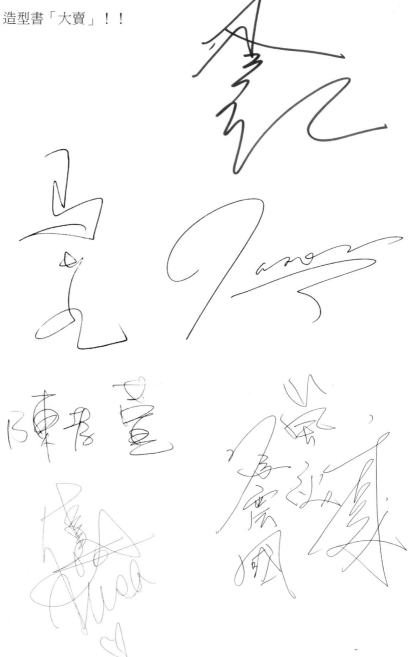

# Contents

# 目錄

6.優雅鮑勃式剪法

7.箱型鮑勃式剪法

8.低層次鮑勃

9.典雅層次剪法

10.低層次變化剪法

11.逆向高層次裁剪

12.多變化的裁剪

**消費者教育篇** 221

如何選擇適合的髮型設計師

工具類

洗髮類

潤絲類

燙髮類

染髮類

髮質類

髮病類

護髮類

造型類

**參考文獻** 237

# I 設計師導論

- 專業髮型設計師的基本要件

- 髮型藝術與髮型設計

# 專業髮型設計師的基本要件

1.提供給客人最親切友善的服務

◇記得隨口說：「早安或午安」。

◇隨時面帶微笑。

◇將客人的外套脫下，掛起來，再換上長袍。

◇帶領客人至後面沖洗台。

◇將客人頭髮徹底洗淨。

◇當你在傾聽客人講話時，不要顧左右而言他。

◇不要和你的客人討論以下話題：

◆討論你自己的問題。

◆宗教、政治等問題。

◆其他客人的行為。

◆你自己的愛情故事。

◆你自己的財務狀況。

◆批評同事之間的技術。

◆你自己的健康狀況。

◆不要洩露因客人信任你，而告之的一些秘密。

◇可以和你的客人討論以下話題：

◆給予客人整體造型上的一些建議。

◆客人的工作或休閒時的情況。

◆流行的資訊。

◆文學。

◆藝術。

◆音樂或演唱會等。

◆教育。

◆旅行。

◆社會現象。

◆假期的安排。

　　試圖去瞭解客人來沙龍當時的心情為何，以及她（他）是屬於那種型態之人。你們之間的談話，必須配合客人的興趣，或是配合客人當時的心情而定。


2.遵從成為優秀設計師的守則

◇對待所有客人都必須誠實及光明正大，不能顯示出任何的
　偏袒。

◇謙和、有禮，注重對方的感覺，及其他實際的情況。

◇守信用，實踐自己的承諾。

◇珍惜好的聲譽，建立好的品行、行為典範。

◇必須儘量聽從老師、經理或雇主所給予的指示。

◇儘可能和你的同事分工合作，互相幫助。

◇遵從沙龍所制定的規則。

◇隨時隨地注重衛生及消毒工具。

◇相信專業的髮型設計，是必須靠誠心與真實地不斷練習。

◇必須當顧客離開沙龍時，所付出的價值是物超所值，這樣
　才能建立更多的老主顧，也才會有更多的推薦。

◇在工作時如有私人電話，儘可能長話短說，避免影響客人
　的心情。

3.堅守成為成功設計師的特質

◇準時上班不要錯過任何一位顧客，或是任何課程及講習。

◇有禮貌，個性開朗，讓每個人都喜歡你。

◇乾淨、有條不紊、有魅力，讓人產生好感，所有的人都稱
讚你。

◇溫文儒雅，讓人永遠記得你。

◇將自己份內的事做好，才會讓大家相信你。

◇注重環境整潔。

4.避免自己做出下列行為舉動

◇不好的氣味與體臭。

◇在和顧客談話間嚼口香糖或抽煙。

◇用粗暴的聲音大聲講話。

◇在客人面前數落同事的服務不週。

◇和客人討論個人的私事問題。

◇在櫃台上趴著或躺臥在椅背上。

◇工作之時姿勢不良，而且走路時托著鞋子。

◇口無遮攔的閒聊或使用粗俗諷刺的言辭。

◇當聽演講或示範課時，未經老師的允許，即離席，且發出
太大的聲響。

◇不服從你的上司或老師。

5.注意個人衛生

◇要保持健康。

◆清潔習慣。

◆正確姿勢。

◆充份運動。

◆鬆弛緊張。

◆充分睡眠。

◆均衡營養。

◇讓你的形象更好

◆每天洗澡而且使用體香劑。為了保持身體的乾淨及清新，可以藉每天洗澡及使用腋下芳香劑除汗味。

◆注意口腔衛生及呼吸氣味。定時將牙齒清洗乾淨，保持口氣清新芬芳。

◆注意自己的髮型。保持頭髮乾淨有光澤，而且能和時代潮流相輝映。

◆注意服裝搭配。穿著乾淨的內外衣，而且注意衣服樣式是否適合自己的身材。

◆注意臉部彩妝。使用適合自己膚色的化妝品，而且重點式的在眼睛、眉形或唇形作些變化。

◆避免穿戴珠寶。除了手錶及簡單的戒指，避免庸俗的珠寶。

◆注意鞋和褲襪。為了長時間的站姿，穿著較舒服的低鞋跟；鞋子須擦亮；褲襪需乾淨，不要有破洞或裂痕。

◆注意手部清潔。隨時修剪指甲及保持手部無污垢。

◆注意工作室整潔。隨時保持環境清潔，器材使用後物歸原處，不任意堆置。

# 髮型藝術與髮型設計

　　藝術是美感的表達，是經由審慎的思索與豐富想像力組合成美感的創作。在創作過程中，意念經過汰蕪存菁，凝聚成動人主題。

　　創作品包括傳統的藝術品，例如，繪畫、音樂、雕刻。也應用在流行性的時裝、化妝及髮型上。

　　設計是預定功能，遵循基本原理與方法，使用合宜的材料，使成品發揮既定的功能。因此，設計過程是有組織的步驟，以產生調和與平衡的作品。

　　髮型設計遵循視覺元素、花樣原則，考量客人髮質，運用剪燙染的手法，構思出適合顧客的髮型，符合顧客在不同場合的要求。舉例：新娘髮型、晚宴髮型…。

## 視覺元素

　　形狀：指一個物體或一個表面的輪廓。

　　紋理：視覺和觸覺上的質感，平滑的或粗糙的。

　　顏色：在光源之下一個物體的色彩（紅藍綠）、色調（明暗度）、飽和度。

## 花樣原則

　　反覆：整體的圖型的單元，在形狀、紋理、顏色上都一致，除了位置的變換。

遞進：等級的改變，以遞增或遞減式的尺度出現。

交替：兩種或兩種以上的圖型單元重複出現的組合。

對比：刻意的表現不同，以突顯不同圖型的特色。

## 髮型圖例

形狀

紋理

顏色

反覆

遞進

交替

對比

## 髮型藝術

　　髮型設計師能創意地利用視覺元素和花樣原理來表達他的個性，塑造特殊的主題，表達頭髮的美感。例如，法拉頭、黛安娜王妃頭、赫本頭…。

髮型創意的啟發

1.探索自然界中美麗的現象、生物的美感特質。
2.訓練對藝術品的鑑賞能力。
3.觀察流行時裝、美容、髮型的變化，熟悉潮流的特色。
4.維持寧靜的心思，健康的身體，強烈的好奇心，以提昇對
　美感的靈敏度。

　　為瞭解流行時裝、美容、髮型的趨勢，應多看相關雜誌、電
視節目與電影，融合坊間的潮流與設計的原理，建立自己的風
格。

髮型設計

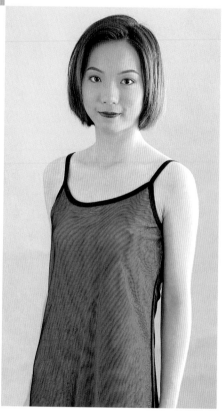

# Ⅱ 基本常識

基本常識

# 剪髮篇

基本常識

# ■ 點

頭部基準點。

## 1.正面基準點之名稱

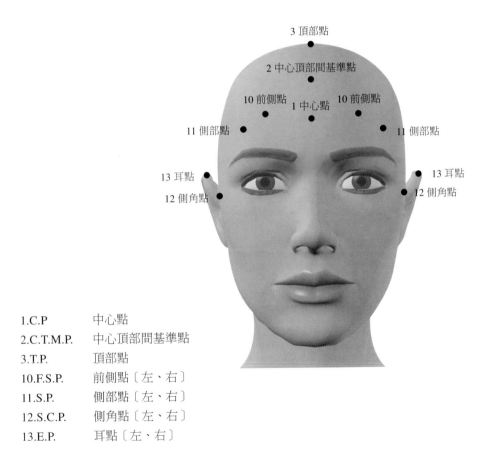

3 頂部點

2 中心頂部間基準點

10 前側點 1 中心點 10 前側點

11 側部點 11 側部點

13 耳點 13 耳點

12 側角點 12 側角點

1.C.P　　　中心點
2.C.T.M.P.　中心頂部間基準點
3.T.P.　　　頂部點
10.F.S.P.　　前側點〔左、右〕
11.S.P.　　　側部點〔左、右〕
12.S.C.P.　　側角點〔左、右〕
13.E.P.　　　耳點〔左、右〕

基本常識

## 2.側面基準點之名稱

　　在頭部五個面中其重要之基準點有15個點，瞭解點正確位置的名稱，才能正確連接所要形成的線〔分區線〕。

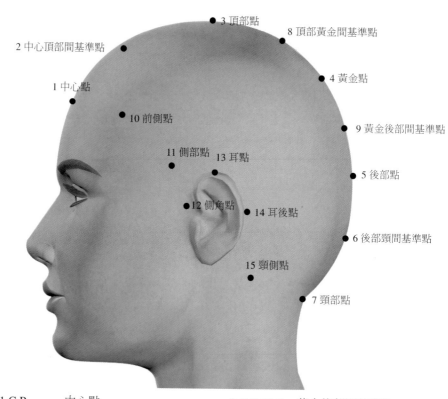

3 頂部點
8 頂部黃金間基準點
2 中心頂部間基準點
4 黃金點
1 中心點
10 前側點
9 黃金後部間基準點
11 側部點　13 耳點
5 後部點
12 側角點　14 耳後點
6 後部頸間基準點
15 頸側點
7 頸部點

| | | | | |
|---|---|---|---|---|
| 1.C.P. | 中心點 | 9.G.B.M.P. | 黃金後部間基準點 |
| 2.C.T.M.P. | 中心頂部間基準點 | 10.F.S.P. | 前側點〔左、右〕 |
| 3.T.P. | 頂部點 | 11.S.P. | 側部點〔左、右〕 |
| 4.G.P. | 黃金點 | 12.S.C.P. | 側角點〔左、右〕 |
| 5.B.P. | 後部點 | 13.E.P. | 耳點〔左、右〕 |
| 6.B.N.M.P. | 後部頸間基準點 | 14.E.B.P. | 耳後點〔左、右〕 |
| 7.N.P. | 頸部點 | 15.N.S.P. | 頸側點〔左、右〕 |
| 8.T.G.M.P. | 頂部黃金間基準點 | | |

## 3.後面基準點之名稱

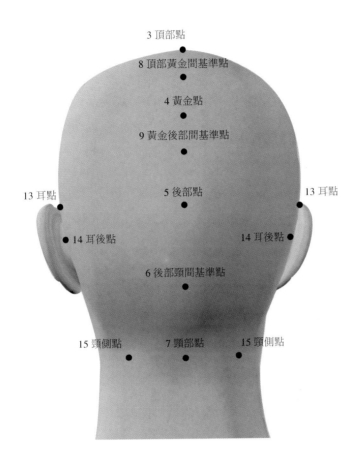

3 頂部點
8 頂部黃金間基準點
4 黃金點
9 黃金後部間基準點
13 耳點　　　5 後部點　　　13 耳點
14 耳後點　　　　　　14 耳後點
6 後部頸間基準點
15 頸側點　　7 頸部點　　15 頸側點

| 3.T.P. | 頂部點 | 8.T.G.M.P. | 頂部黃金間基準點 |
|---|---|---|---|
| 4.G.P. | 黃金點 | 9.G.B.M.P. | 黃金後部間基準點 |
| 5.B.P. | 後部點 | 13.E.P. | 耳點〔左、右〕 |
| 6.B.N.M.P. | 後部頸間基準點 | 14.E.B.P. | 耳後點〔左、右〕 |
| 7.N.P. | 頸部點 | 15.N.S.P. | 頸側點〔左、右〕 |

## ■ 線

### 七條基準設計線

　　七條基準設計線亦稱為分區線。以分區線分區,其重要性在於掌握髮型及精確的裁剪。

　　分區線之名稱:

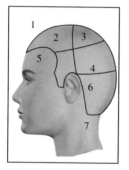 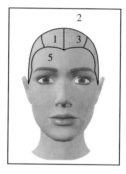 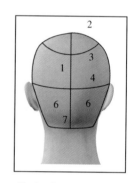

| | | |
|---|---|---|
| 1.正中線(F.C.L.) | 4.水平線(H.L.) | 7.後頸線(B.C.L.) |
| 2.側中線(S.C.L.) | 5.臉際線(F.S.L.) | |
| 3.側頭線(F.S.L.) | 6.頸側線(N.S.L.) | |
| 或稱U型線 | 〔左、右〕 | |

　　分區線的位置與作用:

　　1.正中線(Front Central Line)

　　◎位置:以鼻為中心,從中心點至頸部點作整個頭部的垂直線。

◎作用：控制左右髮量的平均。

2.側中線（Side Central Line）
◎位置：由頂部點至兩側耳點。
◎作用：控制前後髮量的分配。

3.側頭線或U型線（Front Side Line）
◎位置：由黃金點至兩側前側點之弧線。
◎作用：控制U字區髮量的分配。

4.水平線（Horizontal Line）
◎位置：由後部點至兩側耳上。
◎作用：控制後面上下髮量的分配。

5.臉際線（Facial Side Line）
◎位置：由左側的側角點至右側的側角點。
◎作用：控制正面左右髮際的設計。

6.頸側線（Neck Side Line）（左、右）
◎位置：由兩側耳點至頸側點。
◎作用：控制後面左右髮緣的設計。

7.後頸線（Back Central Line）
◎位置：由左右側點連至右頸側點。
◎作用：控制頸背髮緣的設計。

基本常識

## 五條主導設計線

分髮線：控制髮型外圍線與層次高低。

放射分線：由一定點作放射線。

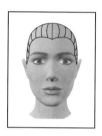 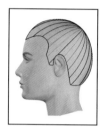  

逆斜分線：前低後高，前長後短。

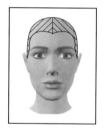 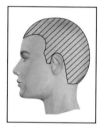  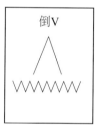

正斜分線：前高後低，前短後長。

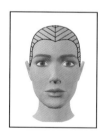 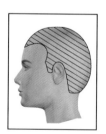  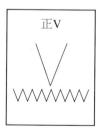

基本常識

垂直分線：與地面成垂直。

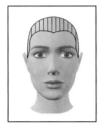 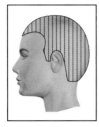  

水平分線：與地面成水平。

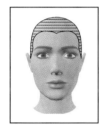 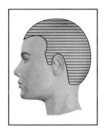  

基本常識

## ■ 面

頭部基本面

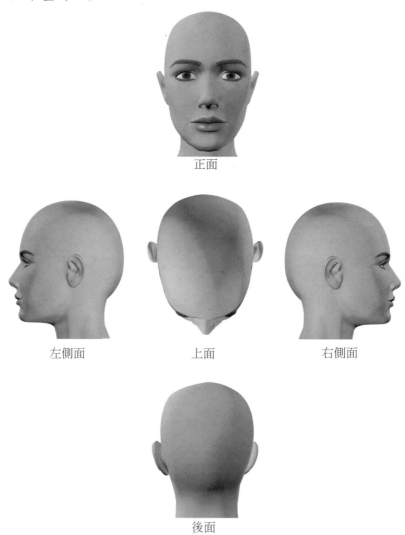

正面

左側面　　　　上面　　　　右側面

後面

髮型設計

## ■ 方向概念

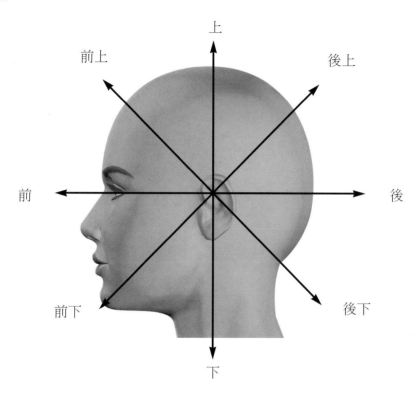

上

前上　　　　　　　　後上

前　　　　　　　　　　　　後

前下　　　　　　　　後下

下

1.往前拉剪→前短後長→形成邊緣層次。

2.往後拉剪→後短前長→形成中層次。

3.往上拉剪→上短下長→形成高層次。

4.往下拉剪→上長下短→形成零層次。

5.往前上拉剪→形成大層次。

6.往後下拉剪→形成倒V低層次。

7.往後上拉剪→形成逆向高層次。

8.往前下拉剪→形成側邊小層次。

9.不偏不倚→等長→形成均等層次。

# ■ 角度的概念

　　點與線的連接，線與線的交接，面與面的銜接，均會產生角，而角的大小就稱之為角度，角度是由零度至360度──是為整個圖。可將「頭部點」視為圓心畫一個圓，則可清楚瞭解頭部角度的關係。

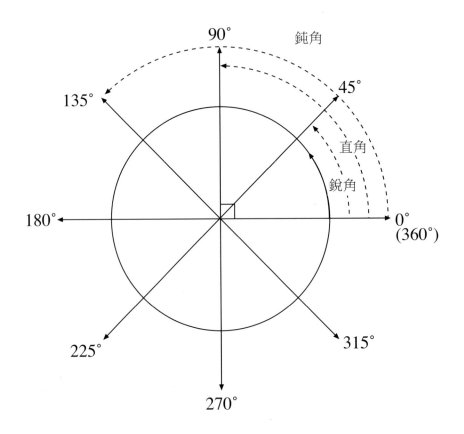

基本常識

# ■ 頭部角度的概念

　　凡提起髮片既與頭型形成一個角度，此一角度既會產生髮片
與髮片間的落差，即為「層次」。

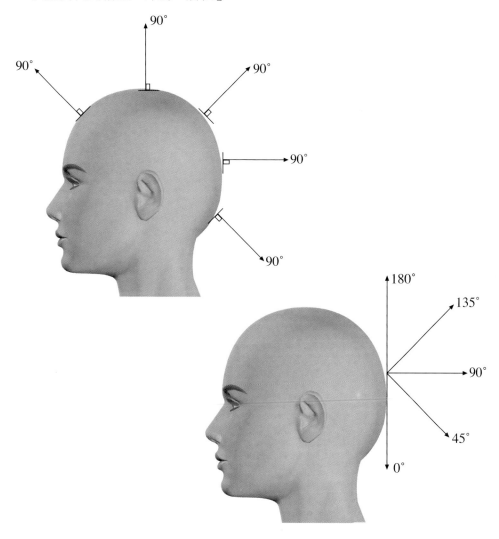

## ■ ■型

五個基本造型

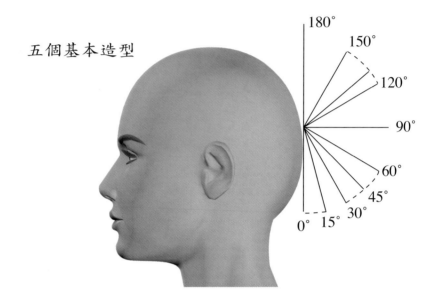

| 架構 型 | 角度 | 層次 | 長度變化 |
|---|---|---|---|
| 包覆式 | 0°～15° | 零層次剪法 | 上長下短 |
| 鮑勃式 | 30°～60° | 低層次剪法 | 上長下短 |
| 均等式 | 90° | 等長層次剪法 | 等長 |
| 逆向式 | 120°～150° | 大層次剪法 | 上短下長 |
| 反轉式 | 180° | 高層次剪法 | 上短下長 |

## ■ 剪髮的姿勢與站立位置

### 站姿影響剪髮嗎？

　　想要剪出一個完美的髮型，除了剪刀的拿法、梳子的梳法、分髮線的精確、與角度的確認外，最重要的還有一項，就是剪髮所站立的位置。同樣為只站在一點剪髮，可能所拉出來的角度，不是很正確。所以跟著球型體的頭旋轉，才能真正剪好每個面的頭髮，不用擔心剪不平衡或是不正確了。

### 頭部各部位剪髮的位置

1.後頸左上剪髮位置，頭部稍低下，從後中央線之左側開始，以平行畫出小薄片剪至頂部。

2.後頸左側剪髮位置，將頭略偏左，站立於與所劃出的中央線成一直線之處。從後左側頸部向上平行剪至耳上。

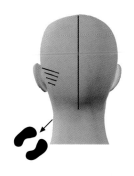

髮型設計

基本常識

3.左側耳剪髮位置，將頭部擺
　正，臉頰側左，直視將剪之區
　域，從耳上直剪至頂部。

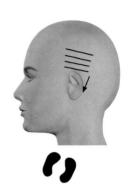

4.後頸右上剪髮位置，移至對
　側，重複圖一的過程。切記，
　須站立於使視線與將剪之區域
　成直線。

5.後頸右側剪髮位置，將頭部略
　向左斜，不宜向前或後倒，站
　立與中心線成一直線立處，以
　圖二的方法相同剪髮。

6.右側耳剪髮位置，將頭部擺對
　了姿態，以圖三相同的方式剪
　髮，以小薄片取髮束，更助於
　髮絲的柔和與精密。

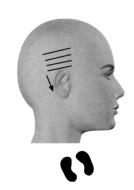

7.左上側剪髮位置，將頭部擺
　正，劃出將剪之區域，再以小
　平行線劃出髮片，並拉成45度
　角平行剪髮。

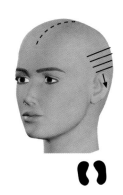

8.右上側剪髮位置，將頭部擺
　正，以圖七相同的方法剪出右
　上之髮束。記住，在整個人的
　位置未移動時，不宜在原處位
　置剪過大的區域。

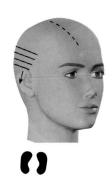

基本常識

9.前額瀏海剪髮位置，將頭部擺正，順著頭髮自然生長的方向梳順，後取平行於前額輪廓的髮片稍提高裁剪。

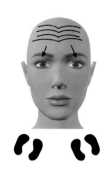

10.左側瀏海剪髮位置，保持頭部如圖九的位置，再取平行於左側耳輪廓的髮片，順著頭髮自然生長的方向剪出瀏海。

11.右側瀏海剪髮位置，以和圖十相同的方法剪出右側耳的瀏海，如此般的進行剪髮，在放下髮束後，將形成均勻的柔和感。

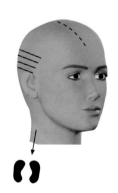

12.頂部剪髮位置，將頭部擺
　　正，於前頭部站立的位置，
　　剪出如圖中頂部所畫的方
　　向，如此，從右前頭部依序
　　轉一圈，再回至左前額部。

基本常識

## ■■ 剪髮工具

所謂「工欲善其事，必先利其器」，懂得工具的用途，及其所產生的效果，是一位專業設計師的基本常識，若要發揮工具的最大功能，創造出理想完美的髮型，就必須慎選順手與合適的工具。

### 剪髮工具的認識

剪髮工具可分為：主要剪髮工具、輔助工具。

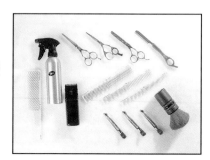

主要剪髮工具：

是指能將頭髮剪斷之工具，包含有一般平口剪刀、打薄剪（鋸齒剪刀）、削刀、電剪、手推剪、剃刀等。

輔助工具：

是指配合剪髮工具使用者，例如，剪髮梳、水槍、夾子、剪髮圍巾、吹風機、工具帶，髮梳。

### 輔助剪髮工具
剪髮圍巾
裁剪時用來防止頭髮掉落在衣服上，或頸部的地方。

水槍
裁剪時用來噴濕頭髮,以保持頭髮的濕
度。

夾子
裁剪時用來固定薄髮束,厚髮束需用鯊
魚夾固定。

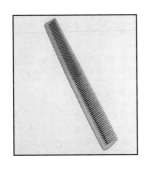

剪髮梳
寬齒面通常用來區分髮片,密齒面用來
梳順髮片。

髮刷
裁剪完成時,用來幫忙清理頸背、臉頰
上之頭髮。

基本常識

工具帶
用來裝置剪髮工具。攜帶方便，且具有
保護功能。

## 剪髮工具的維護、保養及消毒

主要剪髮工具應於每次剪完頭髮後，將殘留在刀刃上的毛髮
清除，然後可以酒精消毒法或紫外線消毒法加以消毒，消毒後，
可在刀刃上或轉軸間加些潤滑油以防腐蝕或生銹。

輔助工具應隨時保持清潔，定時以陽性肥皂液消毒法消毒。

## ■ 剪髮梳分類及握法

　　較大的梳子用來梳順長髮，或是剃平頭較為方便使用；中等的梳子是剪髮最常用的；較小的梳子是用來修剪小髮區及髮際邊緣較短的頭髮。

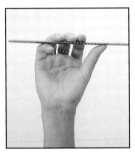

　　剪髮梳的握法，為四指在上、拇指在下。

## ■ 剪刀握法

　　剪髮是美髮技巧最基本的動作，髮型設計的效果，必須透過精湛的剪髮技巧，才能把設計師的風格發揮的淋漓盡致。

　　剪刀的使用要領：

1.剪刀應拿穩。
2.剪髮時只動姆指，其餘四指不動，或是特殊剪髮，姆指不動，四指動，依個人習慣用左手或右手拿剪刀均可。

基本常識

3.手掌應靈活轉變方向，並應熟練手掌之正反面均能操作。

## 剪刀的握法

　　持剪刀時，食指、中指握住刀身，控制穩定度，指環置於無名指第二關節、姆指第一關節上。將剪刀如圖所示拿好。

　　剪髮時，若暫時不用剪刀，應將刀柄合攏，大姆指由把手抽出來，而將剪刀置於掌心，再用四指握住剪刀，姆指與食指如圖所示，輕握剪髮梳。

## 剪刀與剪髮梳之握法

基本式握法

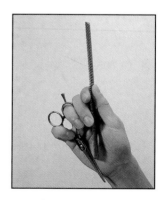

變化式握法

# 基本操刀法

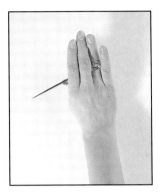

四指靜刃、姆指動刃　　　　　　　四指動刃、姆指靜刃

1.四指靜刃、姆指動刃之操刀方式,比較適於一般剪髮上。
　例如,低層次、中層低、高層次、及推剪等。
2.四指動刃、姆指靜刃之操刀方式,比較適於特殊剪髮上。
　例如,滑剪、點剪、及扭轉打薄等。

　以上基本操刀方式之技巧,其力道完全游刃於動、靜刃之間。

基本常識

# ■ 挾髮片

挾髮位置，將影響外圍線及層次的正確與否。

## 挾髮片的正確手法

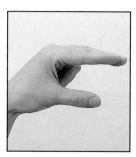

基本手勢呈現「匚」字型。

挾髮與握梳的手勢。手勢正確與否將影響裁剪切口位置。

挾髮片位置確認無誤，即可活動姆指，將專業剪髮梳放置虎口，利用姆指力道握住剪髮梳。

## 挾髮位置與分髮線的分析

平行挾髮裁剪：

通常應用於選擇之分髮線與完成髮型產生同一裁剪輪廓線。

1.立體：用挾髮提昇的角度，與分髮線平行裁剪。

2.平面：用挾髮的角度，與分髮線平行裁剪。

基本常識

不平行挾髮裁剪：

通常應用於設計增長或特殊切口效果。

## ■ 裁剪技巧

　　技巧性的剪髮，包含一款髮型之外緣及內層的修剪，以締造特別的效果和特殊的設計。它可以在髮根、髮中、髮尾上進行修剪，造成髮型上柔和的效果。也可以剪刀、削刀、鋸齒剪刀、電剪混合應用，增添更豐富的動感。列舉一些常用的技巧如下：

1.直線剪法：

以一靜刃、一動刃的操刀方式，成穩的將髮片裁剪成直線的方式。

2.壓剪法：

用手指或梳子將髮片緊貼頸背，利用剪刀一靜刃、一動刃，將切口剪齊。

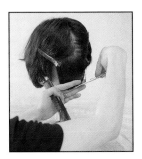

3.斜剪法：

利用分髮線與手指所形成的角度，裁剪出外圍線。

4.碎剪法（鋸齒狀剪法）：

也可稱之為點剪法，最主要是希望減輕髮尾的重量，呈現出柔順的線條。

基本常識

5.點剪法：

　利用剪刀的尖端，稍為開口一點，在尾根、髮中或髮尾以點剪不規則修剪髮型的重量，創造出髮絲的輕柔感。

6.剪刀滑剪法：

　利用剪刀由短滑剪漸漸增長，使髮片產生較大的落差，如此可以產生具有浪漫、飄逸效果之髮型。

7.插入滑剪法：

　利用剪刀開一點滑剪，或半開時利用夾一下、放一下的快速剪法，由短漸增長，使髮型層次線條更加柔順。

8.挑剪法：

　利用小剪刀插在髮中或髮尾的地方，挑出少許的頭髮滑剪，使髮稍具有輕柔的效果。

9.飛剪法：

　　利用小剪刀由髮根至髮尾，以飛揚式的揮灑技巧，使髮型更具立體感。須注意手指與剪刀之間的互動關係。

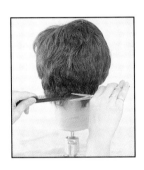

10.推剪法：

　　利用長剪刀及剪髮梳，或利用電剪，剪出較為乾淨的髮型。

11.扭轉滑剪法：

　　將髮束以順〔逆〕時鐘方向扭轉，再利用剪刀刃半開口輕輕滑至剪刀尖，分段滑剪、或利用剪刀半開口、或是剪刀尖端輕輕在不同段落剪一下，產生特殊效果。

12.夾束滑剪法：

　　以姆指及食指左右將髮束夾住，再以剪刀以滑剪的方式，將髮尾的部分剪成尖型。

13.手指撥動挑剪法：

　　這是在短髮時常用的方法，以手指撥動著頭髮，將彈起來的頭髮以挑剪式裁剪。

14.鋸齒剪刀打薄法：

　　依據個人的髮量或密度，以不同的打薄剪刀，決定打薄的多寡與形成。

15.鋸齒剪刀滑剪法：

　　利用不同形式的打薄剪刀，將髮型的層次、重量與密度，修飾成不規則的紋理，增加柔和線條。

16.點削法：

　　利用削刀尖端在髮片上作點狀修剪，使其髮量減輕，具有輕柔的效果。

17.外削法（一）：
　　利用削刀以短髮支撐長髮，使髮緣產生
支撐的能力，具有立體的效果。

18.外削法（二）：
　　利用剪髮梳壓住頭髮，使削刀以短髮順
著長髮方向削薄的原理，讓髮型更具服貼
性，創造柔順的效果。

19.削刀旋轉剪法：
　　以右手姆指、食指握住削刀，以切削的
方式，照自己想要表達的髮型而加以完成。

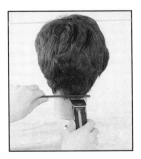

20.電剪直線剪法：
　　以手指夾住長髮髮片，電剪反方向直接
切入，可形成非常直的一條線。

基本常識

# ■ 剪髮要訣30點

1. 剪髮需由點、線、面、空間所構成。
2. 剪髮需考慮：

    ◇面的設計：單一的角度問題。
    ◇空間的設計：提昇的角度、切口的角度。

3. 注意髮性的走向，決定用何種方式裁剪。
4. 考慮頭髮的髮質、髮量、髮性、及毛流。
5. 判斷客人的特質，分析五官、頸、肩寬比例、身材等，再談設計。
6. 東方人有70%以上是扁頭，如何將頭髮再後腦部產生重量是很重要的一件事。
7. 平衡感很重要，剪髮手勢要正確，確定每個面所站的位置及所取的角度和長短。
8. 頭是一個球型體，因此在手勢上會有些變化，例如，下區用手心剪髮方式、中區用手心或手背剪髮、上區用手背剪髮，在頭型有弧度時，需用手背剪髮，同時手指也需保持弧型，以免產生「角」。
9. 精細的分線與取髮片，能造成細緻的髮型。
10. 每個面皆有轉角點，皆是設計上的一個重點。
11. 原則上在判斷髮型的長短或層次時，要能感覺到那裡需短、那裡需長及層次的高低。
12. 耳上的凹點與前側點的凹點，需注意拉髮片的力道，以防止產生「缺角」的現象。
13. 髮片與髮片的交接處會產生一突起的部分，我們稱之為

「角」，這個「角」有時需要依照頭型去掉，有時也可將它保留，增加其重量，或者用打薄的方式將其處理。

14. 一般將頭分為冠頂U型區、中間區及後頸區，簡稱上、中、下三區。

15. 一般而言：

　　◇水平分髮線：產生重量感，短髮時較易產生刻痕。

　　◇垂直分髮線：產生層次感，重量分配較均勻。

　　◇順斜分髮線：產生向後梳的線條，往往在短髮時需做「去角」處理。

　　◇逆斜分髮線：產生向前增長的效果，往往在保留住「角」，同時減輕髮量，達到羽毛效果。

　　◇放射狀分髮線：往往用於冠頂區，角度較高，層次較大些。

16. 每種剪髮方式不同，檢查的方式也不一樣。例如，垂直分髮線剪法，可用交叉檢查法，水平、放射狀，正斜或逆斜分髮線時，可用對稱檢查法檢查。

17. 交叉檢查法使用於垂直髮片（等長），或有「去角」時使用。

18. 剪髮需注意外圍線的確定及層次的設計。

19. 手指的高低、與剪刀的切口，會決定所要的層次。

20. 可利用手指的靈活度，「轉」髮片或不同的角度或切口，產生不同的效果。

21. 梳子將髮片拉出確定的角度時，手指夾髮片，不可上、下移動。

22. 推剪時需注意剪髮梳與頭型所形成的角度，是順著頭型推

基本常識

剪，或是45度推剪，還是凹型推剪等。

23. 推剪時一定要利用不同厚度的兩支梳子，才能造成髮際線的頭髮最短、層次感更加明顯。

24. 推剪至層次的引導線時，容易產生刻痕，所以到引導線時，還需往上再提昇裁剪，才不致產生刻痕。如果有可用打薄方式，將其「去角」處理。

25. 剪髮梳的寬齒面拉髮拉力較小〔回縮較小〕，密齒面拉力較大〔回縮較大〕，如何相互應用，是需多用點心。

26. 削刀與剪刀的不同，在於刀鋒的厚與薄，因此削刀可以削出較輕柔的髮型，但刀片一定要鋒利，否則很容易傷害髮質。

27. 打薄剪會因齒的不同，而有不同的落髮量。所以需慎選打薄剪，以達到自己想要的效果。

28. 大支電剪是以推平頭或多髮量時使用，小支電剪是以修鬢角或髮際邊緣的雜毛。

29. 為要達成一個時尚感的髮型，應該搭配不同的裁剪工具、液狀工具及造型工具，即所謂「工欲善其事，必先利其器」。

30. 多閱讀時尚雜誌、多看流行資訊、媒體等，以增加自我的流行感，才能創造出多變的髮型來。


■ 辭彙表

| | |
|---|---|
| Nature Parting | 自然分髮線 |
| Guide Line | 引導線 |
| Cutting Line | 裁剪線 |

| | |
|---|---|
| Convex | 凸曲線 |
| Concave | 凹曲線 |
| Ear to ear Parting | 側中線（分為前、後半部） |
| Horizontal Section | 水平分髮線 |
| Vertical Section | 垂直分髮線 |
| Diagonal Section | 順（逆）斜分髮線 |
| Radial Section | 放射狀分髮線 |
| Section | 髮片 |
| Blocking | 大分區 |
| Crown Area | 冠頂區 |
| Fringe | 瀏海 |
| Volume | 髮量 |
| Hair Movement | 動感 |
| Blending | 修順 |
| Asymmetric | 不對稱的 |
| One Length Cut | 齊長剪法 |
| Graduation Cut | 低層次剪法 |
| Layer Cut | 高層次剪法 |
| Square Cut | 方型剪法 |
| Razor Cut | 削刀剪法 |
| Clipping Cut | 推剪剪法 |
| Free hand Cut | 隨意剪法 |
| Pointing Cut | 點剪 |
| Slide Cut | 滑剪 |
| Twisting Cut | 扭轉剪法 |
| Brick Cutting | 挑剪 |
| Block Graduation | 大分區層次剪法 |
| C-Curvature | C型剪法 |
| Natural Inversion | 自然大層次剪法 |
| Slicing | 削薄 |
| Perimeter Shaping | 減輕外圍輪廓髮量 |
| Cross Check | 交叉檢查法 |
| Corner | 轉角 |

# 燙髮篇

基本常識

# ■ 燙髮的因果與流程細解

想要了解燙髮的作用，必須先了解頭髮的結構及頭髮中的連接鍵，堅固的角蛋白質結合成頭髮不同的三個層面：

表皮層：最外層，鱗狀般的保護頭髮。
皮質層：中間層，產生燙髮化學作用的地方。
髓質層：最內層的蛋白質鍵。

在皮質層中的角蛋白質鍵是被稱為多胜肽鍵，他們就像繩子般相互扭轉在一起，這些胜汰鏈是被製造成明顯的胜肽鍵，以創造出頭髮的韌力，多胜肽鏈是呈現環繞著一束頭髮的長度。

## 十字式堆鍵

頭髮之所以會成為永久的彎度，是因為有十字式堆鍵——這兩條鍵各是二硫化鍵（簡稱S鍵）及氫鍵（簡稱H鍵）。

氫鍵是非常脆弱的，無論於任何時候，只要將頭髮打濕氫鍵就會斷裂。氫鍵會跟隨著洗髮和上髮捲而改變，捲子足以再造氫鍵。而二硫化鍵則必須藉由化學變化才能改變，如想再造他們，必須靠著強而有力的化學品，例如，燙髮藥水等方可。

## 燙髮的化學性過程

今日最常見的燙髮方式是冷燙，冷燙液的主成份是還原劑，由硫代乙醇酸（TGA）構成，而其副成份為鹼劑則由阿摩尼亞（胺水）和界面活性劑所組成，其內在冷燙液中阿摩尼亞的鹼性刻

基本常識

度在9.4～9.6之間。硫化氫會產生化學能量,致使表皮層膨脹及打開,藥劑隨即滲透至皮質層使得S鍵彎曲,H鍵脫落,頭髮隨著捲子大小而產生永久性新的彎曲。此時頭髮如須充份的柔順,必須中和完全及沖洗乾淨。

　　真正照顧好頭髮,不能超過時間,否則一旦毛髮中多胜肽鍵損毀,則秀髮是無法修補的,第二劑中和劑是呈現酸性,通常PH是在5～6之間,中和劑最主要的功能是在固定S鍵,而H鍵也及時固定住,所以必須告訴您的客人在燙髮後48小時內頭髮不能弄濕,因為H鍵才剛組合完畢,空氣中的氧氣及氫氣將會幫助H鍵更堅固,大多數的中和劑包含有過氧化氫或溴酸鹽類,中和劑是酸性和鹼性的冷燙藥劑,且介有固定頭髮的效果,當完成固定的過程後,頭髮將隨著捲子的大小呈現出各種捲度或者是大波浪等。然而並非所有的燙髮都是使用鹼性藥劑,有另一種酸性燙,則是使用硫代乙醇銨鹽卻沒有使用阿摩尼亞,阿摩尼亞主要的功能是幫助加熱的化學品,如果不使用阿摩尼亞時,酸性燙將需要其他的熱力來源,一些熱源是可藉著其他化學物而產生化學效應地,在塗上頭髮之前,也有些燙髮是需要客人坐在風罩之下。酸性燙的PH值大約在5.9～6.9之間,整個燙髮過程會比鹼性燙花費更多的時間,但酸性燙會產生柔和且具自然動感的效果出來。

## 燙髮的物理性過程

　　有兩種基本的燙髮過程,包含物理性及化學性,化學性之前已提過,而物理性是指利用一點張力及柔和的方式來上冷燙捲,而保持頭髮在燙髮過程中有擴充膨脹的空間。

基本常識

## 對顧客的前置作業

將客人換上適當的沙龍衣服或圍巾，以保護客人的皮膚及衣服，清洗頭髮的第一遍不需按摩頭皮，否則可能會因洗髮精刺激到頭皮而產生敏感，造成燙髮的不便。頭髮一定要沖洗乾淨不要在頭皮和頭髮之間留下任何造型產品，最後再用毛巾輕輕地將多餘水份吸乾。

## 將頭髮分區

常見的標準式冷燙分為10區，分區時其形狀應配合捲子的形狀，但由於頭形是圓形而立體的，所以分區時應該做適度的調整：

1. 分第一區時應以不大於捲子寬度（比捲子小1～1.5公分）來做劃線的依據，對準中心點，向後平行梳順，取同樣寬度做第一區（約呈四方形）。

2. 分側面第二區，第三區時，應以第一區之長度做標準，然後與臉部髮際線平行，自然梳下，即側面分線是略向後呈弧線，位於耳後約1公分的位置。

3. 分第四、第五、第六區時，是以第一區的寬度向後平行梳下，而形成後三區均等狀態，但因後面頸部較窄，中心線可以適度的平行縮小。

4. 第七、第八、第九、第十區，是從第五區的底線連接到耳後方，即側面分線的下面，約成一個捲棒厚度的傾斜度。

基本常識

## 捲子的選擇

一般來說，捲子分為兩種不同的樣式，一種是凹形，另一種是平面，當然這兩種又分為許多不同款式、大小的捲子，而捲子的大小將會決定您所燙出來的捲度。

凹形捲子：所呈現出來髮尾的捲度較捲曲。
平面捲子：所呈現出來的捲度是一致的。

## 如何包捲子

通常在捲頭髮時，在髮尾需包上棉紙，以便藥水滲透，而包捲子時有兩種包法，一是選用兩張紙，像是夾東西似的，一是選用一張紙，直接將頭髮包在捲子上。

## 準備凡士林（或保護乳液）和棉條

塗一層薄薄的凡士林在髮際線，然後覆蓋上棉條，藥水上過之後，棉條濕了，必須再換一條，如此才不會因沾濕藥水的棉條而傷及皮膚。

## 怎樣使用燙髮藥水

燙髮藥水的製造是依據髮質及想要的捲度而產生，多孔性的髮質需要較溫和的燙髮水，髮質較粗較難燙的，就必須用PH值較高的燙髮藥水，而在上藥水時，避免接觸到頭皮，以免傷及皮膚及壓傷毛髮（俗稱勞壓），如果沾到，應馬上擦掉，選擇藥水兩劑即可，一是還原劑（第一劑），二是氧化劑（第二劑）。

基本常識

## 燙髮過程

燙髮過程所需的時間是必須依照產品標示而定，時間到達時必須加以測試捲度，是否達到S彎度，而S彎度是根據捲子大小所形成，所以頭髮可因捲子的大小而達到理想中的彎度。

## 測試捲度

在測試之前可選擇一個捲子，冠頂或耳後（較不易捲處），輕輕將捲子拆掉，放下1 1/2捲度，不使用任何拉力，看是否會形成如捲子般大小的S形弧度，可以不必將捲子完全放掉，但測試時必須很小心，因為此時的毛髮呈膨賬狀，很容易拉直及受傷。

## 沖水

當試捲完後，達到理想的捲度，然後用溫水完全的沖淨，依照說明書上的指示，適當的沖水5～10分鐘，每個捲子都需沖洗乾淨，再用毛巾儘可能去吸乾每個捲子的水份，如果沒吸乾，將會稀釋氧化劑（第二劑）的濃度，也會造成不捲的結果。

## 中和劑（氧化劑）

中和劑的上法和還原劑一樣，從頸部處開始上完整個頭的捲子，然後讓客人躺在沖水檯，也可坐著，根據說明書上的指示時間，拆捲子也必須極小心，因為此時頭髮很脆弱，當拆完所有捲子，也可以在髮尾再上一下中和劑，約等待2～3分鐘後再沖水。

基本常識

## 最後的沖水

沖乾淨所有殘留在頭髮上的化學藥劑，然後再將潤絲精塗抹在頭髮上，將多餘的鹼性中和，沖水之後用毛巾吸乾頭髮的水份。

## 完成客戶資料卡的記錄

記錄所有的資料在卡片上包括：

1.進行過程的時間。
2.捲子的大小。
3.那一種髮質的燙髮藥水。
4.燙髮的結果。
5.推薦在家庭使用的保養品。
6.客戶購得那些在家庭使用的產品。

## 重新髮質的鑑定

如果燙髮的技巧正確，可是結果不是顧客想要的，還是算失敗，所以一個非常重要的課題就是如何去學習、判斷結果的藝術。設計師必須要有充分的時間與顧客溝通，問顧客問題時，也不要只讓消費者回答Yew or No，而是例如：多久您會消費一次？什麼樣的產品您會使用？您喜歡什麼樣的捲度？這一類的問題，將有助於達到顧客的真正需求。

燙髮前必須知道是否有護髮產品在頭髮上，如果頭髮看起來髮質很不錯，選擇適當的產品更是必須的工作。記錄客戶之所有資料，包含顧客之喜好、個性、髮質……等，以提供下次顧客光

臨時之參考資料，而成就最佳的服務。


## 安全的提示

1.隨時閱讀說明書，跟著說明書的指示操作。

2.在燙髮之前，必須先分析髮質和頭皮。

3.使用沙龍衣服或圍巾來保護客人的皮膚和衣服。

4.在燙髮之前，不要梳頭及用力的按摩頭皮。

5.記得使用凡士林或棉條。

6.使用橡皮筋要小心，不要壓傷髮根。

7.將沾有藥水的棉條，立刻拆掉，避免刺激到皮膚。

8.測試捲度，避免拉直頭髮。

9.充份的沖水，以避免頭皮的灼傷及過燙。

10.燙髮過後，千萬不要馬上洗直，否則很傷頭髮。


## ■ 燙髮的判斷與流程

先判斷髮性，該使用何種捲髮方式？

1.水捲法：一般髮質、細髮、受傷髮質。例如，短髮。

2.藥捲法：粗、硬髮質、多孔性髮質。例如，中長髮、或長髮。

3.先塗藥捲法：難捲之髮質、粗硬之髮質。先將藥水塗抹、加熱，使其軟化再上捲子。

基本常識

燙髮流程

長髮 ⎫
　　　⎬ 上捲子
中長髮 ⎭

彈性燙→大捲（日本捲）→髮片不可分太厚

一般捲度→綠色捲→髮片比其捲子直徑小些

小捲度→粉紅色捲→直立排法

短髮→　上捲子

彈性燙→ ⎰ 綠色或紫色捲→髮片可分厚些
　　　　⎱ pin捲

小捲度→藍色或粉紅色捲→依其捲子直徑寬度

※可做燙前髮尾護髮

1.使用插銷，固定捲度。

2.擦凡士林在髮際線邊緣。

3.上棉條。

4.第一劑（依髮質不同，使用不同PH值之燙髮藥水）。

5.換棉條，戴浴帽或保鮮膜。

6.加熱（10～15分鐘），或不加熱（25分鐘）。

7.冷卻後試捲 ⎰ 可以→沖水。
　　　　　　 ⎱ 不可以→可再上些藥水，每5分鐘試捲一次

8.沖水（約3～5分鐘，見沖水中的細泡沫漸漸不見）。

9.拭乾。

10.換棉條。

11.如果頭髮彈性不夠者、或經常燙、染者，可使用PPT，做燙中護髮，加熱約5分鐘。

基本常識

12.拭多餘油脂。

13.短髮,只需彈性時,可將周邊的小捲子或pin捲拆掉梳順。

14.第二劑(約5〜8分鐘)可將周邊較小的捲子拆掉。

15.沖水。

16.拆捲子(長髮需在尾端,再上一次藥水,等3〜5分鐘)。

17.沖水。

18.潤絲精(約3〜5分鐘,中和殘留之鹼性)。

19.可做燙髮後護髮。

20.完成。


## 毛髮的診斷

　　一位專業的美髮師,必須要有能力正確的診斷毛髮之後,才能對燙髮、染髮、護髮等做適當的處理。即使是同一個人的頭髮,髮根和髮尾的粗細度就可能不盡相同,髮質也不同,一般即使是健康的粗髮根,到髮尾變細時,頭髮也是很容易受損害,頭髮診斷的詳細檢查法是使用儀器的「強度測定法」和「蓬潤度測定法」和使用化學測試的「鹼性溶解度測試」和「氧基酸變化測試」等,接下來介紹在美容院中能簡單使用的檢定方法:

　　◎感覺判斷法

　　用手指摸頭髮,用梳子梳頭時打結,沒有光澤,不順,根據感覺的評斷方法。

　　◎磨擦抵抗判斷法

　　這和上述的感覺判斷法相似,像頭髮表皮層的損傷度一樣,

基本常識

磨擦抵抗會變大，也就是頭髮的表皮層變得粗糙，摸起來時和用梳子梳頭時的感覺一樣糟糕。

◎顯微鏡觀察判斷法

用光學顯微鏡，電子顯微鏡觀察毛髮表皮層狀態的方法，健康的頭髮有著鱗狀的頭髮表皮層整齊的排列著，一旦損傷，分叉的地方就非常明顯。

多髮孔的區分（多孔性）

髮孔是指頭髮吸收液體的能力。由於水份可改變頭髮某方面的特質，故分析頭髮的工作應在於洗頭髮前，也就是乾燥時進行。

頭髮吸收的能力與其接受液體之速率有著極密切的關聯。其吸收的速率決定於髮孔的程度。根據髮孔即可決定使用燙髮藥水的濃度，所以在燙髮前先仔細觀察，否則容易對頭髮產生傷害。

冷燙時間的快慢是以髮孔為主要的依據，若頭髮為多孔性，則燙髮所需的時間較少，所選擇的藥水PH值也較低，頭髮吸收冷燙藥水的程度與髮孔有關，但與髮質並無太大關係。

髮孔可受下列各種因素影響，例如，顧客的健康情形、氣候、高度、濕度、過度暴露在陽光下、游泳池中、以及經常使用劣質的洗髮精或是化學藥品，例如，燙髮、頭髮漂淡及染色之處理等。

基本常識

◎髮孔適中（正常頭髮）

在髮幹上會有一些翻起突起的表皮層，此種頭髮在平均時間內可吸收適當的濕氣或化學藥品。

◎髮孔少（有阻礙的頭髮）

表皮層較為緊密。此種頭髮吸收燙髮藥水比較緩慢，通常需要較長的燙髮時間。

◎髮孔過多（顏色漂淡或染、燙同時進行或受損傷的頭髮）

頭髮因多次治療或錯誤保養使頭髮受損，因此有過多的髮孔。其吸收燙髮的藥水非常迅速，故燙髮時間較短。

◎髮孔超量

是過度染、燙髮的結果，此種頭髮被過度的損傷而變得乾燥、脆弱以及容易斷裂。除非該頭髮已重新修整或剪除，否則不得接受燙染髮。

髮孔的測試

為了能精確測試出髮孔，須以三處不同區域的頭髮測試：冠頂區、耳朵前兩側及後頭部等地方的頭髮，抓住一小撮乾燥的頭髮，將其梳理光滑。以一隻手的姆指及食指緊緊地握住髮梢，而另一隻手的手指由髮梢向頭皮處滑動。假若手指不容易滑動，或者是當你的手指滑動時，頭髮產生波浪皺紋，則表示該頭髮為多

基本常識

孔性，若形成較多的皺紋，則此頭髮有較多的髮孔。皺紋較小，則其髮孔較少。

若手指很容易滑動並且沒有形成皺紋，則此表皮層緊合，此種頭髮髮孔較少，最具阻礙力，需要較長的燙髮時間。

測試頭髮髮孔的其他方法：

1.用剪刀剪下乾燥的頭髮。若非常容易的剪下，表示其阻力較小，故該頭髮為多孔性。
2.手掌測試：將頭髮在手中勒緊後放鬆，若感覺它完全地柔軟，顯示頭髮彈性較弱或毫無彈力，則此頭髮為多孔性。
3.洗臉時，不慎將頭髮弄濕，當水初次灑在頭髮上時，該頭髮若很容易被弄濕，此為多孔性髮質。
4.用吹風機吹乾頭髮，若該頭髮比較一般情況，需要較長的時間才能乾燥，則顯示為多孔性頭髮。

頭髮的質地（髮質）

頭髮的質地是指一根頭髮的粗細程度而言，頭髮的質地和髮孔兩者是決定燙髮時間的長短的最大因素。雖然在兩者之中，頭髮的髮孔比較重要，但是頭髮的質地亦是估計燙髮時間的重要因素之一，質地纖細的頭髮，燙髮藥水飽和的速率比較粗糙的頭髮快速。可是對於多孔，較粗的頭髮而言，則與毫無髮孔的纖細頭髮相比較，燙髮時間比較快速，在決定髮型波紋之大小時，應考慮頭髮的質地，設計髮型時，亦應將顧客頭髮的質地及密度考慮在內。

判斷髮質的方法：

1.以儀器分析髮質的直徑：粗的、中等、纖細、非常細等。
2.以手觸摸頭髮的感覺：粗糙的、柔軟的或像金屬絲般硬。


頭髮的彈性

　　燙髮時，頭髮的彈性也是重要關鍵之一，彈性是指頭髮可伸展和收縮的能力，所有的頭髮均具有彈性，但其彈性範圍各有不同，有好有壞。若沒有彈性存在，則頭髮不可能有彎曲，但若彈性佳，則在頭髮上的波紋將可保留較久，頭髮不容易鬆塌。

　　◎頭髮彈性的測試

　　用姆指和食指握住一根頭髮然後慢慢拉扯頭髮，若頭髮伸展開而不易斷裂，放開後呈一圈一圈較密者而慢慢的縮回，即表示此頭髮具有很大的彈性。若其彈性不良，拉扯時會很快地伸展開，也很容易斷裂。一般正常之頭髮可以伸展為該頭髮的五分之一的長度，並且鬆開後仍可彈回，但是對於濕的頭髮而言，則可伸展為其長度的40～50%。多孔性的頭髮其伸展長度大於髮孔少的頭髮。

　　彈性不佳髮質的特徵是鬆弛，而且容易結在一起的頭髮，鬆弛的頭髮冷燙時，較不容易固定，捲曲會容易鬆垮下來。可考慮使用PH值較低的藥水，及直徑較小的燙髮棒。

基本常識

### 頭髮的密度

頭髮之密度是指在頭皮上每平方英吋（6.45平方公分）所包含頭髮之數量。頭髮的密度和髮質無關。頭髮稀疏者，燙的時後避免大捲大捲地燙，因為拉扯力極易造成頭髮斷裂。

### 頭髮的長度

頭髮長度是另一項燙髮時必須考慮的重要因素，太長或太短的頭髮皆不好操作。也可考慮先剪再燙或先燙再剪，以配合燙後所要達成的效果。

### 頭髮損傷的原因

頭髮是由角蛋白質所構成，雖具有強烈的化學和物理性質，但因為其是死細胞，所以一旦受損傷，也沒有自行恢復的能力，隨著健康頭髮的生長，受到外界的影響馬上就又受到損傷。關於受損的原因包含人為方面和自然太陽光線兩方面，以下從受損預防方面來解決主要原因：

◎由熱所引起的損傷

頭髮由於吹風機、電熱捲、燙髮等而損傷，雖然因為頭髮主要是蛋白質構成，抗熱度很弱，但比皮膚具較強的抵抗力，其臨界點約120度左右。

◎因梳頭而引起的損傷

健康的頭髮表皮層是整齊排列著的，一旦受傷，損傷處自然擴張，因此皮質層露出，頭髮變得乾燥而產生龜裂，如果在頭髮表皮層的龜裂處再加上梳子的磨擦，損傷處便更加擴張，此為機械傷害，特別是如果一邊用吹風機加熱，一邊用梳子梳髮，水分便會減少，尤其是吹風機靠頭髮近時，通常頭髮具有10～15％的水分，更加深頭髮外層的損傷，為了減少分叉頭髮的磨擦且讓頭髮具有光澤，可使用抗熱產品或順髮露之類的產品。

◎不良的燙髮所引起的損傷

選擇不適合頭髮的燙髮藥水，或第一劑停放時間過長，或第二劑使用的量不足，時間不夠，都是頭髮損傷的原因，另外如果拆下捲子後的頭髮沒有充分洗淨，頭髮中殘留著燙髮劑的鹼性成分和酸化劑，會引起角蛋白質變化，黑色素會開始褪色，燙髮後一定要加以潤絲，儘量以潤絲精中的酸性質回復頭髮的PH值，這是防止損傷的一種方法。

◎因於褪色，染髮而造成的損傷

特別是漂白劑，它是將過酸化水素將黑色素酸化，脫色，一旦在短時間內重複數次將頭髮軟化、蓬潤，頭髮表質層便會歪斜而成為損傷的原因。

◎由於不良的剪髮所造成的損傷

因不好的剪刀（刀鋒遲鈍）或削刀不利剪髮，一旦技術不好而將頭髮之外層細胞剪掉，皮質的水分由剪髮處蒸發，藥劑滲透進去而成為斷髮和分叉的原因。

基本常識

◎由於紫外線而損傷

在太陽光線中，一旦受到強烈的短波紫外線照射，頭髮之角蛋白質便會引起變化而造成損傷。

◎由於壓力和偏食引起的損傷

壓力和偏食會造成脫髮症和頭髮之發育不良，且頭髮沒有光澤，加速損傷。

## ■ Q&A

1.燙髮的過程為何？

ANS：冷燙的過程可分為軟化、成形、固定三個階段，冷燙藥水的第一劑先完成軟化、成形兩個步驟，第二劑再完成最後固定的步驟。

2.燙髮需考慮些什麼因素？

ANS：1.頭型。
2.頭髮長度。
3.頭髮髮質（粗、細）。
4.頭髮密度（髮量）。
5.頭髮彈性（蛋白質含量）。
6.頭髮表皮層的張合程度（傷害程度或密合度）。

7.藉由水滲透性的強弱（多孔性）。

8.時間的長短。

9.捲子的大小及形狀。

10.室溫的高低。

11.頭皮溫度的高低。

12.藥水的PH值高低。

13.操作者之力量及習慣（力道均勻）。

14.髮型設計強調的重點。

3.燙髮時為什麼原生髮（Virgin hair）較不容易燙捲？

ANS：原生髮未受過任何化學藥品（例如，染、燙）般之侵蝕，
表皮層之鱗片較為緊合，皮質層的鏈鍵組織也更為緊密，
因此冷燙藥水的滲透較慢，不易燙捲，所以應選擇較強的
冷燙藥水燙髮。

4.燙髮與頭髮的粗細有關嗎？

ANS：頭髮的粗細與遺傳、年齡、生活習慣、健康狀況、性別而
有所差別，通常直徑在60微米以下為細髮，60～90微米為
一般髮，90微米以上為粗髮，黃種人一般平均為80～90微
米，一般說來，細髮較易捲，粗髮較不易捲，但也需考慮
髮質的緊密程度與否。

5.燙髮時可能影響燙髮捲度的各種原因？

ANS：（一）頭髮的狀況：
1.頭髮上附著會妨礙冷燙作用的物質，例如，雙效洗髮精

基本常識

中之矽靈，硬水中之鈣質，溫泉、海水中之礦物質，游泳池中之氯，染髮劑中之金屬成份。

2. 燙髮前在頭髮上擦上潤絲精，使表皮層的鱗片組織密合，而影響燙髮藥水的滲透。

3. 燙髮前在頭髮上擦上含油質的保養劑，在表皮層形成一層薄膜，或是毛鱗片而將矽靈殘留於頭髮上，都會影響冷燙劑的滲透。

4. 染過後的頭髮，也會因染劑，染後時間的長短而影響染髮結果。

（二）產品的影響：

消費者使用特殊療效的藥品，而使頭髮的抵抗力增強，影響冷燙的進行。

（三）技術的控制：

1. 髮捲未捲好（力道不一，髮片厚薄未控制好）

2. 第一劑時間未控制恰當或捲度無法測試正確

3. 第二劑未充分發揮作用

4. 溫度太低

6. 為什麼燙髮時會引起過燙（產生毛燥現象）？

ANS：原因

　　1. 髮尾呈現多孔性時。

　　2. 髮質本身已多次接受化學傷害（例如，染、燙等）。

　　3. 燙髮時間過久。

　　4. 燙髮前未修剪已分叉、乾澀之頭髮。

　　5. 髮尾部分未捲好。

　　6. 操作捲髮時用的力道太大。

基本常識

7.儀器操作不當，溫度太高。

8.藥水用量過多。

9.選擇不適合自己髮質之藥水。

10.操作者粗心大意或經驗不足。

7.為何在第一劑試捲滿意後沖水，再上第二劑，卻往往又產生燙
   完後太捲的現象，請問其原因何在？

ANS：當檢測第一劑作用完成時，必須控制好沖水及等待時間，
      而且沖水的溫度也要控制的恰當，太熱的水會加速頭髮的
      捲曲度，導致太捲，有時也需了解燙髮藥水的特性，知道
      在何時可以達到最好的效果。

8.燙髮時產生髮尾毛燥現象的原因為何？

ANS：可能是燙髮藥水第二劑停置的時間過長，造成嚴重的氧化
      現象，也可能是因為髮尾受損，產生多孔現象，藥水吸收
      較快，使頭髮損傷更為嚴重，即產生毛燥現象，平時頭髮
      若缺少水份或經常照射紫外線也會造成毛燥現象，所以適
      當的護髮是必要的。

9.燙髮時常發生斷髮的主要原因為那些？

ANS：1.藥水過量而在橡皮圈附近聚集而易造成斷髮。

      2.用力使用橡皮筋在髮根的部分，造成壓線（壓傷髮根的
        頭髮）。

      3.太細的橡皮筋也易在頭髮上形成壓痕。

      4.加熱蒸髮的時間太長。

基本常識

5.加熱（蒸髮）的溫度太高。

6.燙髮藥水的PH值很高，且時間又控制不好。

7.細髮或髮量太少，使用橡皮筋太緊時，也會引起斷髮。

10.在選擇冷燙或染髮時，何者應優先考慮？

ANS：冷燙劑是一種還原劑，而染髮是用氧化染料和氧化劑，因此在燙髮過後的一週以上施行染髮，才不致於導致化學性的褪色，對於髮質也會比較好，不易毛燥。

11.在上第二劑燙髮藥水（氧化劑）時，應注意些什麼？

ANS：1.在上第二劑藥水時，頭髮已有些濕潤，因此要將多餘的水份儘量吸釋乾淨，否則會使第二劑的量施放不足，造成捲度不夠均勻、持久。如為長頭髮髮尾更可能吸收不到第二劑，因此在拆捲時可在髮尾再上一次藥水。記住，第二劑的量，最好等於或高於第一劑的量。

2.冷燙完成後，若尚有餘溫時，應先冷卻後，試捲、沖水、上第二劑，等其充分發揮作用後，才拆捲、沖水、上潤絲精，否則很容易反直。

12.冷燙時應如何避免第一劑味道殘留於頭髮上？

ANS：當燙髮藥水第一劑完成作用時，頭髮必須充分沖水約5～10分鐘，可觀察沖水時的泡沫是否已變少，如果變少時，即表示沖水完成，此後再上第二劑，如此可避免燙髮藥水的味道殘留在頭髮上。

13.選用受損髮質專用的冷燙劑（PH值較低）燙一般髮會有什麼效

果？

ANS：1.冷燙的時間可能要加長。

2.捲髮取的髮片必須要小，否則達不到理想的捲曲度。

3.因為PH值低，因此容易直，髮捲彈性不夠。

14.請問捲髮與燙髮的關係為何？

ANS：1.冷燙時，最重要的是如何選擇正確的捲子，以便形成顧客所想要的捲度。

2.捲捲子時，必須注意雙手持捲子的力道是否均勻，才不致形成頭髮的波浪不好者。

3.取髮片的厚薄，完全配合捲子的直徑大小，但也可以因應髮質或想達到不同的效果，而有所不同。

15.一般來說，捲髮固定的角度與頭髮的蓬鬆度有關係嗎？

ANS：是的，有非常直接的關聯，譬如說，如果頭髮細或少的人，需要蓬鬆度，則須提高角度，頭髮多且粗，而需要一點彎曲度，增加柔和的效果，則只須燙個彎度，其實角度的概念很簡單，一般分為：On Base（約135°）1/2 off Base（90°）；off Base（約45°），角度控制的好很容易就能得心應手燙出顧客滿意的髮型。

16.如何選擇燙前護髮或燙中護髮或燙後護髮？

ANS：髮尾如果有乾燥，分叉等現象時，可考慮使用燙前護髮；髮質較細，缺乏彈性或經常染燙而流失頭髮中之蛋白質時，可考慮使用燙中護髮，因為此時毛鱗片因第一劑藥水膨

基本常識

脹而張開，加入PPT補充蛋白質，使頭髮更具彈性；燙後頭髮質地較乾燥時，也可以藉著燙後護髮幫助髮質漸漸恢復，所以可以利用不同的護髮，使頭髮在化學藥品之下的傷害降至最低。

17.應先在剪髮完成後，再燙頭髮，還是先燙完後再進行修剪工作呢？

ANS：應先剪再燙或先燙再剪，完全是依照髮型的設計而定，譬如說，短髮如需燙起來自然之效果，可先燙再進行修剪，否則太短的頭髮也很難上捲子；長髮可以先將髮尾較差的頭髮進行修剪工作，完成後再燙頭髮，所以無論長、短頭髮，都應先預設想要達到的效果，才選擇先後的步驟。

18.現代冷燙液的特性為何？

ANS：1.較低的PH值（約8.5～9.3之間）。
2.較低的Ammonia阿摩尼亞。
3.高濃度硫代乙醇酸鹽（第一劑還原劑），需使用適當的溫度，以促進滲透作用。

19：染髮和燙髮，應先處理那一項比較好？

ANS：染髮劑和燙髮劑，在化學性方面是完全相反的東西，氧化型染髮劑是以鹼性的過氧化氫（$H_2O_2$），將頭髮氧化脫色，且使染料氧化上色之。而另一燙髮劑是屬於鹼性的原料，恢復頭髮且斷絕胱氨酸的結合，又以氧化劑使它們再次結合，所以從以上原理得知，先前染髮劑的情形，好不容易

將染好而成的頭髮，因燙髮劑而被還原，褪了顏色，所以在燙髮過後一週以上，髮型固定之後再作染髮工作比較好。

20：在完成上第一劑時，為何要戴塑膠帽呢？

ANS：1.防止與空氣接觸，產生氧化作用。
　　　2.防止揮發性鹼性鹽（阿摩尼亞）的揮發。
　　　3.保溫（第一劑的作用需要一定的適溫度，有時因室內冷氣的關係，溫度降低，藥水無法完全發揮達成其效果）。
　　　4.防止藥液的乾燥（乾燥的情況發生後，會造成波浪不均勻及傷害頭髮等事項）。

21：對於肌膚脆弱的顧客，在燙髮時必須注意些什麼呢？

ANS：一般來說，健康的肌膚如果附著上鹼性劑，其本身具有中和的作用，但對於肌膚脆弱的人而言，此作用也相對地減弱，遇刺激物即容易引起斑疹。對於燙髮而產生的斑疹，幾乎是基於第一劑所造成的刺激性接觸皮膚炎，如果能注意不要讓藥水直接附著到皮膚的話，就能達到某種程度的預防。以下是幾個預防措施：

1.燙髮前的洗髮，要使用脫脂力弱，刺激性少的洗髮劑。
2.事先將護髮霜（脂性類的髮霜）塗抹在藥液容易附著的部位。
3.燙髮中，能夠勤快地更換毛巾、棉條。

這些注意事項，也合用於染髮時。

基本常識

# 染髮篇

基本常識

## ■ 細說染髮

### 什麼是顏色？

顏色是來自於光的照射，假如你在一個非常黑暗的房間內，你將看不見任何顏色，顏色事實上就是光的反射，有一個自然的方法，就是利用光線經過水滴，自然分裂成不同的顏色，不過，我們通常都是利用三稜鏡來表現出顏色。當顏色折射出來，將會有六個顏色呈現出來，三個主色及三個次色，這些將會表現在色環內。

色彩的混合：

主色：本身存在的顏色，它並不結合任何顏色。
次色：它是均等結合任兩個主要顏色而形成。

色環

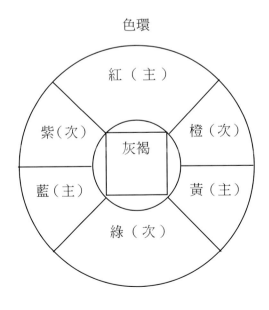

要製造顏色，我們必須移動色環，讓主色創造出次色。

例如：紅＋黃＝橙
　　　黃＋藍＝綠
　　　藍＋紅＝紫

要去除顏色，可用對色來將其綜合。

例如：紅綜合綠；橙綜合藍；黃綜合紫

## 自然頭髮顏色

自然頭髮的顏色，最主要的是包含在皮質層內，組成顏色的要素，稱之為「麥拉寧」，四種基本顏色：黑色、棕色、紅色、黃色，是被包含在頭髮顏色中，但量的多寡不定。

麥拉寧是呈顆粒狀，黑、棕、紅色是大的份子，很容易的將其移掉。Pheomelania是呈散佈狀，黃色是小的份子，因此很難移走。顏色要素的多寡將會產生不同的色調。

例如：黑色頭髮將會包含較多的麥拉寧和較少Pheo麥拉寧。
　　　灰色頭髮將會包含較少或甚至沒有麥拉寧。

## 人工染髮

色調的應用

它是不同量的三色組合而成紅色、黃色、棕黑色。

例如：頭髮含大量的紅色素，將會產生溫和顏色的結果。

　　將頭髮的自然顏色加以增加或改變，通常的作法是掩飾或覆蓋灰白頭髮。不然的話，就是增加或是完全改變自然頭髮的色調。

## 人工染髮劑的種類

### 暫時性

　　本身的組成是有機體染料，例如，偶氮染劑（azodyes）染料。它是一個大的分子，所以無法滲入頭髮皮質層，只能附著於頭髮表面。在國外有一種Coloured setting lotions是一種最受歡迎的暫時性顏色之一，它是一種非常舒適的染髮劑，在操作的過程中，不需任何的混合或稀釋，可直接從瓶子倒出用手塗抹即可。但非常重要的是，必須注意到在塗抹之前需將頭髮用毛巾擰乾過多的水分，不然顏色會被稀釋。

　　有些暫時性染劑可能需要用熱水加以混合，但如果不是所需的溫度，會導致不均勻及不協調的結果。所以使用前需先看使用說明書。

### 半永久性

　　可持續四至六星期，或依洗頭的次數而定，它是由對苯二胺化合物（diamines compound）所組成永久性的染色。但是含diamines compound量較少，diamines compound這個成份必須靠氧

基本常識

化才能獲得，意思就是利用：A.空氣。B.溴化重鉻酸鹽。C.硫酸鈉。

　　化學方法的B、C是較受歡迎的。過氧化氫通常是不被使用的化學物質。Diamines Compound這個染劑和氧化劑中含些清潔劑。半永久性的分子是比暫時性的分子小，在頭髮之中它們是很柔軟的分子，因此容易穿過表皮停留其中，它在使用上是非常的安全。硝基染劑Nitro Dyes的含量很少，因此很安全，不需做皮膚測試。


　　準永久性

　　介於永久性跟半永久性之間，平均的持續力三～四個月，包含表面的染劑quasi dyes，能夠直接從商店購買，或是用永久性的染料來混合，所有quasi的永久性染料包含para，這些成份都需要雙氧水氧化。使用在超過50%白髮的染色。


　　漂白

　　通常是用來產生白色或做成強烈的流行效果。在漂白的頭髮上，或是挑染或整頭染，必須正確及有系統的挑出所需的髮束來做挑染，才能達到所要的效果。挑染時一定要先將頭髮洗淨吹乾才能做挑染的工作。

　　塗抹方式：先從髮中到髮尾再至髮根。一個有經驗的設計師必須能夠混合顏色，而且能夠調配他們所要的顏色。相同的方法，我們用在quasi dyes，但是必須要減少顏色的強烈度。

永久性染髮

現在所使用染料有乳狀、半黏性以及液狀。永久性染劑必須跟雙氧水調和，而且需在有效作用時間內完成。這些染劑都是用來遮蓋白髮或是產生自然顏色，或是產生優美及流行的顏色。

染料的組合是由小的分子對位性官能基化合物（para）例如，對位性染劑（para dyes），它們被認為是一種滲透、氧化染料，它是氧化到皮質層，是藉由添加雙氧水或其他的氧化劑，運用氧化、中和染料，降低麥拉寧色素的自然色素，同時加入人工色素，這些滲入頭髮裏的小分子，在頭髮內結合成新的大分子，所以能夠永久的留在髮內，即使在洗髮後，顏色仍能保持不褪色。永久性的染劑是根據化學的反應而在頭髮上產生效果。

## HIGH-LIFE TINTS（高明度染髮）

它可升高六個以上的明亮度，針對時下年輕消費者所設定的流行方向。如果不想要原本的髮色，就可利用催化劑去混合及加強色調，去除原先頭髮中自然的色素。它並非用來遮蓋100%的白髮，而用於平均分散的少量白髮，它們可遮蓋部分有白髮的部位，但是不能使用漂白。屬於永久性染髮，染色可持續到長出新髮為止。

## 皮膚測試

有少數的人，對於染料銨衍生物產生過敏或敏感，產生類似中毒的現象，在確定的案件中，可能是因為染料滲入皮膚或微血管，所引發的危險，例如，para染劑。因此，必須用para染劑在皮

基本常識

膚上測試，測試是在染髮前24～48小時做，而且必須在每一個第一次做染髮的客人，以及客人做3～6次的染髮後，若有一次產生過敏者，都必須做皮膚測試。

測試方法

1.用外科酒精或一般酒精，清潔耳後皮膚或內肘皮膚。
2.用深色染料與6%（20vol.）或9%（30vol.）的$H_2O_2$混合，塗在清潔後的地方。
3.用OK棒或紗布將其覆蓋。
4.讓它靜置24～48小時。
5.如果有任何的刺激就請顧客不要做染髮。

## 注意事項

不能共存的測試

在為顧客染髮前，你必須確定她（他）頭髮上是否有與染劑不能共存的化學物質。假如你覺得有任何的疑問時，你可以做以下的測試：

用一個非金屬的容器，混合1盎司9%雙氧水和20滴的880阿摩尼亞，剪下一小束頭髮，用帶子綁住髮尾，浸入調好的溶液中浸5~30分鐘，假如有任何的泡沫、頭髮的破壞、或是褪色，記住就不要做染髮。

基本常識

過氧化氫

當使用液狀雙氧水，（而不是乳狀或油狀，因為它們有不同的濃度）如果需要，可用測量器可測出它的強弱。

雙氧水的強弱是由它的百分比或容量來決定，例如：

3%等於10vol.　　　6%等於20vol.　　　9%等於30vol.
12%等於40vol.　　　18%等於60vol.

假如你有100vol.雙氧水，而要去稀釋成不同的強弱時，可以依照下列的法則去測量，製成1品脫的容量。

20vol.：4盎司100vol.$H_2O$+16盎司水
30vol.：6盎司100vol.$H_2O$+14盎司水
40vol.：8盎司100vol.$H_2O$+12盎司水
60vol.：12盎司100vol.$H_2O$+8盎司水
※ 1品脫＝20盎司；1盎司＝28.4ml

假如你有兩種不同強度的雙氧水，而為了達到中間強度的效果，你可以將其混合的一半即是如：

60vol.$H_2O_2$+40vol.$H_2O_2$=50vol.
(18%)　　　(12%)　　　(15%)
40vol.$H_2O_2$+20vol.$H_2O_2$=30vol.
(12%)　　　(6%)　　　(9%)

基本常識

感度和多孔

多孔、脆弱的頭髮很容易失去顏色，特別是一些流行的色調，在發生過的案例中，不僅是色調走樣而且顏色也有所偏差。


染色的均勻

為了正確的使髮幹及髮尾調和，可以選擇顏色去擦在自然剛生的頭髮上，約15分鐘之久，從髮根清潔一小部分染過髮的地方，以便評定髮幹和髮尾的顏色是否走調。

混合顏色用10vol.$H_2O_2$塗及髮幹和髮尾的地方，應注意顏色與髮根和髮尾調和。


敏感性

將頭髮已經受損或是枯黃的部分，用橡皮筋將其自然的綁成一束，通常產生的原因是過度使用化學產品，例如，經常染髮或燙髮，其他產生的原因來自於是太強的日曬，及過量使用電熱捲、電棒、吹風機等，因此，過敏性的頭髮，通常是非常多孔，以及影響染色的持久性。

髮根有新長出頭髮，染髮前要評估原有染色褪去的程度，使用不同染髮手續。


過度褪色

先塗髮根，不要再動它，讓它順利完成染髮所需的時間，完

基本常識

成髮根染髮後，隨及將染料從髮幹染及髮尾，等待剩餘的時間。

中等褪色

先塗髮根，完成髮根染髮後，等待染髮所需時間的一半，再塗及髮根及髮尾，等待剩餘的時間。

少量褪色

先塗髮根，等待染髮所需時間的最後五分鐘時，再染上加強顏色（累計顏色在髮幹上）。

或者顏色僅塗髮根，然後最後幾分鐘造成乳狀染料，很平順的帶至髮幹和髮尾，再沖乾淨。

染髮必須有充分的等待時間，確實地覆蓋白髮並獲得正確的深度及色調，預防褪色，使整個頭髮的色彩均勻自然。

何謂使成乳狀及移去染料？

使成乳狀：這個做法很簡單，只要在染髮步驟所需的時間快到時，用2/3盎司的溫水，灑在頭上，然後輕輕地按摩頭部，將顏色順便帶至髮幹及髮尾，等3~5分鐘即完成。

移去染料：上面所產生泡沫狀的染劑，移去時，應先從前額和太陽穴開始，切記一定將頭皮清洗乾淨，完全的沖淨後，再用洗髮精和潤絲精。

基本常識

# 天然染料—指甲花

## 黑娜HENNA

### 植物性黑娜

在幾十年以前人們就已經抽取生長植物提煉植物性染劑，一種最早知道的染髮劑，稱之為「黑娜」。它是由埃及的水蠟樹中所發現，亦可稱之為「洛神」（LAWSON）它可滲透髮幹，而通常成為紅色呈現在頭髮上。

植物性的黑娜千萬不要和化合物的黑娜搞混在一起。植物性黑娜通常與流行的色彩及燙髮產品一起使用，可是化合物黑娜則不行，因為化合物黑娜是抽取於礦物性的物質，例如，金屬鹽等，此外，它會產生表面的著色劑，但卻不能和流行色彩的著色劑共處。黑娜粉也可用來當作化妝品染料，用於身體的裝飾。黑娜收斂性的性質可清潔頭髮及頭皮，同時保持頭髮的健康。染髮通常會影響髮質，由兩種現象可知，一是染料將會在頭髮表皮上形成附著層，或是滲透表皮層而貯存在頭髮皮質層。在表面形成附著層的染色，它將會使頭髮呈現灰暗。如果想獲得較自然的效果，染料勢必必須儲存在皮質層，這樣才不會影響光線的反射，才能產生頭髮光亮的效果。

染髮是一個非常複雜的過程，因為角質層是非常濃密的物質，很難去穿透。許多染料是由大份子組合而成，因此很不容易去穿透緊密的表皮層。黑娜是植物性成份，是由小份子組成，所以能順利滲透這些表層。

基本常識

技巧訊息

純植物黑娜能給頭髮不一樣的色彩，所使用的技巧也很特別，最大的特點是：

1.使頭皮形成保護層，同時頭髮色彩較持久。
2.瞬間讓頭髮產生光澤度。
3.有非常漂亮的色調。

幾年前，黑娜的染色僅使用在顏色上，時至今日，黑娜所扮演的角色不僅於此，尤其在流行的燙髮、染髮，植物性的黑娜都能共同使用。若要形成不同的顏色，可以試著添加一些東西在黑娜染劑裏面。例如：

1.加些檸檬，可以增加較強的紅色。
2.紅酒將會將色調變深。
3.咖啡將會變成較豐厚的棕色色調。

化合物黑娜

化合物黑娜，包含植物性染料和一些金屬鹽，以及其他染料。金屬鹽能固定顏色，化合物染料會覆蓋在頭髮表面，但不適合做染髮和挑染。

專業設計師是不會使用金屬染料及化合物染料。若顧客使用此種產品時，在染髮、挑染、燙髮之前美髮設計師必須很快察覺，瞭解它對頭髮的影響，設法將其去掉及並做護髮。

基本常識

頭髮若是使用任何一種金屬染劑或化合物染劑後，將會呈現灰暗、無生命力及無光澤度，同時頭髮摸起來粗糙及易脆的。這些顏色通常會褪色成奇怪或不自然的顏色，例如，含銀色染料會有綠色色調，導致紫色及紅銅色轉變成紅色。

如何測試金屬鹽（不能共存的測試）

　　1.測試鉛　頭髮很快的變色而且經常很快的變淡。
　　2.測試銀　在30分鐘後無任何反應，雙氧水和阿摩尼亞不能讓顏色變淡，因為它不能滲透銀所形成的外表，通常一小束頭髮若沒人工顏色的話，它將會變淺至一個程度。
　　3.測試銅　將溶劑煮沸幾分鐘，一小束頭髮將會變熱，而且釋放出一些不好聞的味道，在過了幾分鐘之後，頭髮將會很容易拉扯開。

結論

　　1.金屬鹽是很明顯的不適用於染髮及燙髮。
　　2.染燙髮之前，使用共存的測試，確定頭髮上完全沒有任何化學附著物。例如，定型液、慕斯之類，而且消費者不能有任何的藥物治療，因為這些物質將會影響整個效果。
　　3.植物性黑娜是沒有任何的para染料混合，而能給予棕色色調及其他顏色，當想混色時，在熱水中同時均勻攪拌。
　　4.使用黑娜的秘訣：黑娜在頭髮上是有很長的持久性，而且給予更多的光澤度及飽和度。染色時間的長短，決定於基色。顏色的飽和度，在一小時後會降低一些些。

## ■ 染髮守則

### 永久顏色的特性

1.含阿摩尼亞。

2.因為是人造色素，所以多少會流失些。

3.需要補充蛋白質和護髮元素。

### 雙氧水的特性

功能：

1.氧化和膨脹人造色素。

2.漂淺天然色素。

濃度百分比與色度深淺

◇6% 20vol　　染「深」1個色度以上。

　　　　　　　染「淺」1個色度。

◇9% 30vol　　染「淺」1～2個色度左右。

◇12% 40vol　　染「淺」2～3個色度左右。

◇18% 60vol　　染「淺」3～3.5個色度左右。

基本常識

# 白髮百分比

## 理論配比

◇75%自然色系，25%白髮。

　25%基色＋75%時髦色。

◇50%自然色系，50%白髮。

　50%基色＋50%時髦色。

◇25%自然色系，75%白髮。

　75%基色＋25%時髦色。


## 實際配化

1.一般的情況

　　◇40ml Tint(N)+40ml 6%等15分鐘髮根，再用半永久補染

　　　髮尾，等20~30分鐘。

2.抗拒性的白髮

　　◇40ml Tint(N)+25ml 6%。

3.非常抗拒性的白髮

　　◇10ml Tint(N)+10ml水，放在最白的地方，等10分鐘。

　　◇40ml Tint(N)+40ml 6%。等30分鐘。

基本常識

## 染髮順序

初次染髮：染深

直接由髮根染到髮尾，加熱20分鐘，不加熱30分鐘，白髮前面兩側較明顯者，從前面開始染。

初次染髮：染淺

由距離頭皮1～2公分處開始染至髮尾，以兩耳連線做分區，由後頭部開始染，爾後再染前頭部，加熱20分鐘，不加熱30分鐘，第二階段，加熱15分鐘，不加熱20分鐘。

溫和褪色法

30ml 6%或9%雙氧水＋30ml水＋1匙漂粉＋5ml洗髮精＋15ml護髮素（不用加熱）

漂淡方法

1.近頭皮處：35ml 6%＋1匙漂粉。
2.離開頭皮：25ml 9+＋1匙漂粉。

## 補染

新長出髮至3公分長度時，先染新長出的那一段，加熱20分鐘，不加熱30分鐘。

基本常識

## 染髮均衡（乳化）

　　為了使髮尾和新生髮的色澤一致，等待化合作用時間到了，用水噴在頭髮上，將頭髮梳通，或是至沖水台上，將頭髮淋溼，用手輕輕按摩，起泡，將頭皮染到之顏料搓掉，停留5~10分鐘，再沖水。

## 染後養護

　　等待化合作用時間到了，先用水洗淨，再用溫和洗髮精洗髮一次，洗完之後，用草酸護髮乳，停留2～3分鐘，以去除殘餘的氧。

基本常識

# ■色卡（頭髮中所包含黑、棕、紅、黃的程度）

| 底色深淺度 | 最淺黃 | 黃 | 黃橙 | 橙 | 橙紅 | 紅 | 紅 | 紅 | 紅 | 紅 |
|---|---|---|---|---|---|---|---|---|---|---|
| 基本色度名稱 | 最淺金色 | 十分淺金色 | 淺金色 | 金色 | 深金色 | 淺棕色 | 棕色 | 深棕色 | 十分深棕色 | 黑色 |
| 基本色度號碼 | 10 | 9 | 8 | 7 | 6 | 5 | 4 | 3 | 2 | 1 |

基本常識

# Ⅲ 基本剪髮技巧

STEP BY STEP

The One Length Cut
齊長剪法
STEP BY STEP

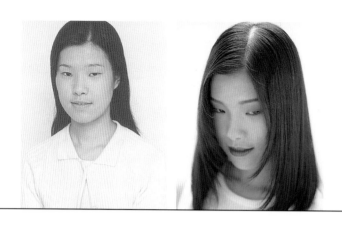

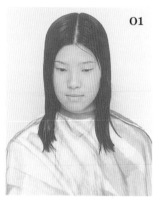
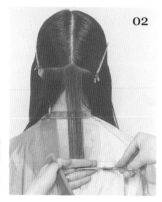

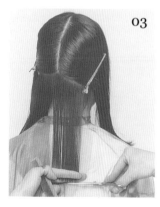
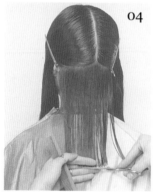

1.將頭髮清洗過後，分出「正中線」。

2.依照客人的髮質，第一層大約分出4cm的寬度，由正中線的地方逆斜分至耳下，以正常的姿勢坐立。將髮片自然梳下，不需使用太大的拉力，此時，由中間的地方決定頭髮長度，並開始裁剪之。

3.將第一層髮片自然梳下，由中間直線剪至右邊。

4.再由中間剪至左邊，此時必須檢查第一層髮片兩邊是否均等——因為這是一條引導線，關係著每一層的髮片是否等長。

5.以後部點之上分至兩耳點，將
　髮片自然梳下，以4.之引導線
　做為裁剪之基準引導，並由中
　間開始裁剪。

6.剪至兩側，檢查是否均等。

7.由頂點部黃金間基準點分至側
　角點。

8.將髮片自然梳下，由中間開始
　裁剪。

05

06

07

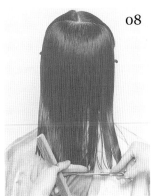
08

9～10.依照引導線，一直裁剪至兩側。

11～13.由黃金點至側部點，分出冠頂區。將冠頂區的頭髮夾住，其他頭髮自然放下，依引導線裁剪，並將兩側頭髮將其自然往後梳，以一直線裁剪。

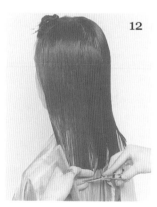

14～16.將冠頂區的頭髮順著頭
　　　型自然梳下，仍然以引導線為
　　　基準，從中間裁剪至兩側。

17.以手指檢查兩側的頭髮是否
　　等長，此髮型即告完成。

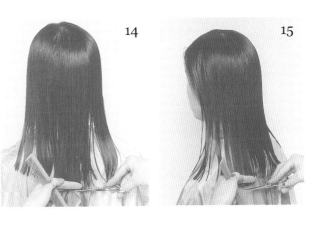

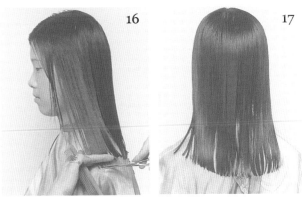

STEP BY STEP

STEP BY STEP

Forward Graduation
邊緣層次線條

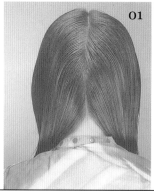

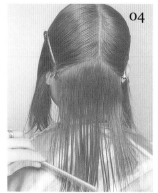
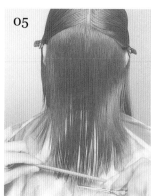

1.將頭髮洗淨,分出正中線。

2.由枕骨點至耳中,分出第一層
  髮片,髮片以梳子自然梳下,
  由中央開始剪出引導線。

3.由右邊裁剪至中央。

4.再由中央剪至左邊,將髮片自
  然梳下,不使用任何拉力,以
  齊長剪法裁剪之。

5.以2cm的寬度放下每一層髮
  片,並自然梳下,且以引導線
  為基準裁剪。

基本

6～7.將GP點至耳邊之後半部的
　　頭髮放下，由中間裁剪至兩
　　側。

8.保留冠頂區的頭髮，放下兩側
　頭髮，由中間開始裁剪。

9.將兩側頭髮梳至背部，以齊長
　方式裁剪。

10.將所有頭髮自然放下，以引
　　導線為基準裁剪之，並左右來
　　回檢查頭髮的長度。

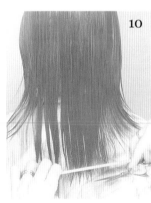

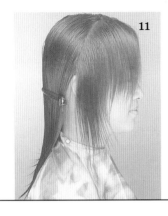

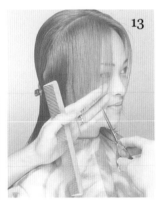

11.由中心線前額算起約2cm至耳邊，順斜分出第一層周邊髮片。

12～13.將周邊髮片，由背部的基準線開始，向上裁剪至嘴的高度。

14～15.繼續以順斜分髮線，並將頭髮向前梳，由頭髮底部依第一層引導線的位置，向上裁剪至嘴的高度。

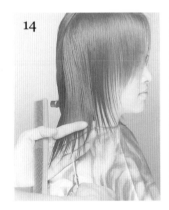

16～17.繼續分髮線至正中線，
　　與14、15相同的方式裁剪至嘴
　　的高度。

18.左邊剪法和右邊相同，一樣
　　由中央順斜分髮線至耳邊。

19～20.以14～17之方法來裁剪
　　左側頭髮。

21.必須檢查兩邊的引導線是否相等，此時可拉等高的兩束頭髮做比較，且要由頂部檢查至底部基準線。

22.每2cm順斜分髮線，且將髮片拉至前面裁剪，並剪至後部正中線。

23～25.將所有髮片拉至前面，以前面的引導線，由底部剪至嘴的高度。

26~27.完成兩邊後，將髮束拉
　　至前面檢查兩邊是否對稱。

25

26

27

STEP BY STEP

Square Layers
方型層次裁剪
STEP BY STEP

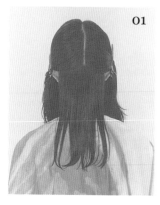
01

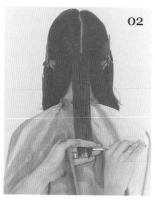
02

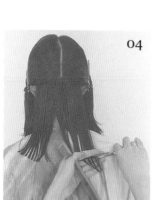
03 04

1.將頭髮洗淨，分出正中線，再由枕骨邊逆斜分至耳下。

2.由中心線的部分，將頭髮順著梳下來，大約至肩的長度裁剪。

3.由中心裁剪好的長度，一直線的裁剪至左邊。

4.再從右邊剪至中間，完成後，此為引導線，所以必須審慎檢查。

基本

5. 由後部點逆斜分至耳中，以引導線為基準，由中間開始裁剪。

6. 由中間引導裁剪至左側。

7. 由右邊剪至中間，完成之後檢查，髮片每2cm放下來裁剪，直到冠頂區的頭髮放下。

8～10. 當冠頂區頭髮放下時，和先前一樣，以引導線中間開始裁剪至兩側，然後檢查兩側是否有平衡。

 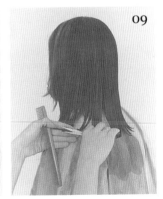

髮技巧

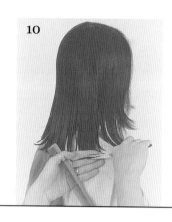

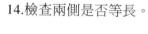

11.分出頭前正中線來。

12.兩側以順斜分髮線，由中心
　　線順斜分至耳邊，決定引導線
　　的裁剪，可由背部的基準線由
　　下往上裁剪。

13.剪至嘴角的高度，兩側為相
　　同的剪髮方式。

14.檢查兩側是否等長。

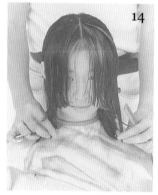

15.以中心線左右各1cm取出髮片
　 的寬度，從前額至後頸部分，
　 將髮片提高。

16.以嘴角最短的頭髮，作為髮
　 片的引導線，髮片等長裁剪至
　 GP點。

17.繼續將GP點至後部點的髮片
　 逆向大層次提高至GP點的高度
　 裁剪。

18.由左側耳邊至右側耳邊分出
　 前半部與後半部。

19.由中心線GP點為軸，成放射
　 狀取髮片。

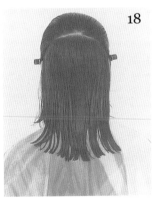

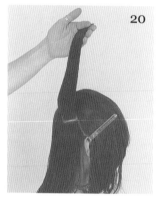

20～21.每一個髮片皆拉至GP點
　　　的高度，等高平剪成為方形大
　　　層次裁剪。

22～23.將後腦部的髮片，皆水
　　　平分髮線，髮片垂直拉至GP點
　　　的高度，成方形大層次裁剪。

24.由左側提高髮片檢查未剪到
的頭髮，直到後腦部，再檢查
至右側。

25.後半部髮片完成裁剪後，延
伸至前半部的髮片，同樣將髮
片提高90度，方形大層次裁剪
至側部。

26.髮片廷伸至前額髮際線，將
髮片提高90度，方形大層次裁
剪，左、右兩側皆同。

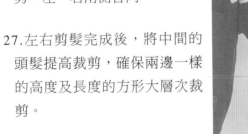

27.左右剪髮完成後，將中間的
頭髮提高裁剪，確保兩邊一樣
的高度及長度的方形大層次裁
剪。

STEP BY STEP

Natural Inversion
自然大層次線條

STEP BY STEP

頭髮若是使用任何一種金屬染劑或化合物染劑後，將會呈現灰暗、無生命力及無光澤度，同時頭髮摸起來粗糙及易脆的。這些顏色通常會褪色成奇怪或不自然的顏色，例如，含銀色染料會有綠色色調，導致紫色及紅銅色轉變成紅色。


如何測試金屬鹽（不能共存的測試）

1.測試鉛　頭髮很快的變色而且經常很快的變淡。

2.測試銀　在30分鐘後無任何反應，雙氧水和阿摩尼亞不能讓顏色變淡，因為它不能滲透銀所形成的外表，通常一小束頭髮若沒人工顏色的話，它將會變淺至一個程度。

3.測試銅　將溶劑煮沸幾分鐘，一小束頭髮將會變熱，而且釋放出一些不好聞的味道，在過了幾分鐘之後，頭髮將會很容易拉扯開。


結論

1.金屬鹽是很明顯的不適用於染髮及燙髮。

2.染燙髮之前，使用共存的測試，確定頭髮上完全沒有任何化學附著物。例如，定型液、慕斯之類，而且消費者不能有任何的藥物治療，因為這些物質將會影響整個效果。

3.植物性黑娜是沒有任何的para染料混合，而能給予棕色色調及其他顏色，當想混色時，在熱水中同時均勻攪拌。

4.使用黑娜的秘訣：黑娜在頭髮上是有很長的持久性，而且給予更多的光澤度及飽和度。染色時間的長短，決定於基色。顏色的飽和度，在一小時後會降低一些些。

# ■ 染髮守則

## 永久顏色的特性

1.含阿摩尼亞。

2.因為是人造色素，所以多少會流失些。

3.需要補充蛋白質和護髮元素。

## 雙氧水的特性

功能：

1.氧化和膨脹人造色素。

2.漂淺天然色素。

濃度百分比與色度深淺

◇6% 20vol　　染「深」1個色度以上。

　　　　　　　染「淺」1個色度。

◇9% 30vol　　染「淺」1～2個色度左右。

◇12% 40vol　 染「淺」2～3個色度左右。

◇18% 60vol　 染「淺」3～3.5個色度左右。

基本常識

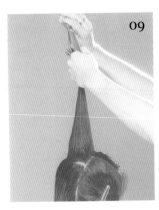

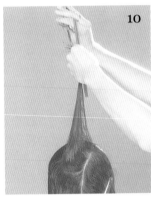

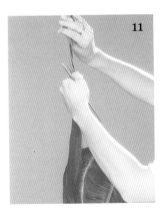

9.以「逆轉」方式提起髮片,用
　引導線的長度為準來裁剪。

10～11.繼續以放射狀分髮片,將
　　每層髮片提高,以中央引導線
　　為基準裁剪。

12.繼續以放射狀分髮片,由頂
　點分至耳點。

132

13～15.將頭頂部髮片提高裁
　　　剪，而且將髮片拉至中央引導
　　　線，由上面至後部。

16～17.將右側髮片拉至中央引
　　　導線裁剪。

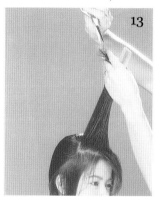

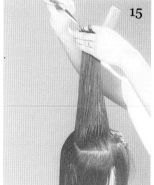

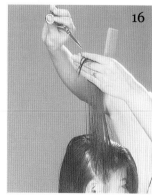

## 染髮均衡（乳化）

　　為了使髮尾和新生髮的色澤一致，等待化合作用時間到了，用水噴在頭髮上，將頭髮梳通，或是至沖水台上，將頭髮淋溼，用手輕輕按摩，起泡，將頭皮染到之顏料搓掉，停留5~10分鐘，再沖水。


## 染後養護

　　等待化合作用時間到了，先用水洗淨，再用溫和洗髮精洗髮一次，洗完之後，用草酸護髮乳，停留2～3分鐘，以去除殘餘的氧。

基本常識

## ■ 色卡（頭髮中所包含黑、棕、紅、黃的程度）

| 基本色度號碼 | 基本色度名稱 | 底色深淺度 |
|---|---|---|
| 10 | 最淺金色 | 最淺黃 |
| 9 | 十分淺金色 | 黃 |
| 8 | 淺金色 | 黃橙 |
| 7 | 金色 | 橙 |
| 6 | 深金色 | 橙紅 |
| 5 | 淺棕色 | 紅 |
| 4 | 棕色 | 紅 |
| 3 | 深棕色 | 紅 |
| 2 | 十分深棕色 | 紅 |
| 1 | 黑色 | 紅 |

髮型設計

103

基本常識

STEP BY STEP

■ Short Round Layers
短髮高層次圓形剪法

STEP BY STE

STEP BY STEP

The One Length Cut

齊長剪法

STEP BY STEP

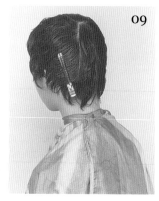

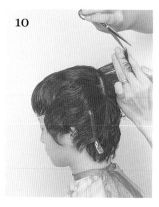

9.以頂部黃金間基準點為軸心，
　使用放射狀分髮線。

10.以引導線為基準，將髮片垂
　直提高，由頂部順著頭型裁
　剪。

11.將髮片繼續裁剪至頭部。

12.後半部的髮片皆以放射狀分
　髮片，髮片皆由頂部剪至髮際
　線，而且皆是垂直提高，一片
　引導，一片裁剪，當後半部頭
　髮皆完成後，使用水平分髮線
　，作交叉檢查的工作。

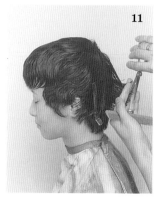

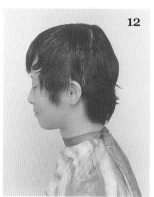

13.將前半部頭髮，以正中線分
　　出左、右兩半。

14～16.繼續使用頂部黃金間基
　　準點為軸心，以放射狀分髮
　　線，由前後半部的交接處，開
　　始將髮片垂直提高，以引導
　　線，由頂部順著頭型弧度剪下
　　來至髮際線。

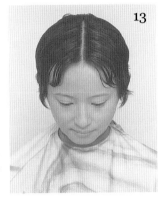

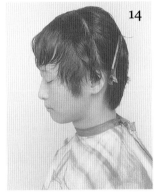

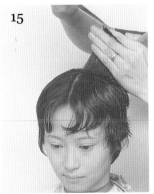

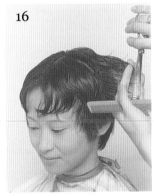

9～10.依照引導線，一直裁剪至
兩側。

11～13.由黃金點至側部點，分出
冠頂區。將冠頂區的頭髮夾
住，其他頭髮自然放下，依引
導線裁剪，並將兩側頭髮將其
自然往後梳，以一直線裁剪。

14～16.將冠頂區的頭髮順著頭
　　型自然梳下，仍然以引導線為
　　基準，從中間裁剪至兩側。

17.以手指檢查兩側的頭髮是否
　等長，此髮型即告完成。

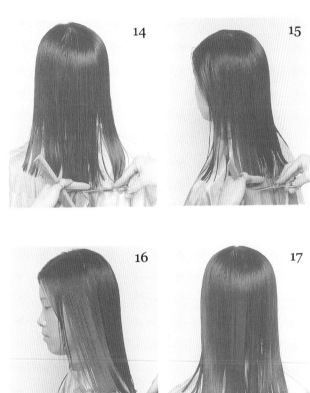

STEP BY STEP

Classic Bob
優雅鮑勃式剪法 STEP BY STEP

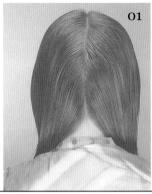

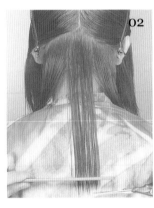

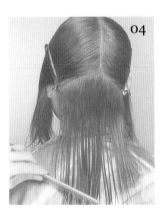
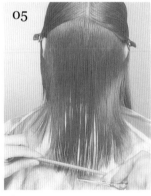

1.將頭髮洗淨，分出正中線。

2.由枕骨點至耳中，分出第一層
　髮片，髮片以梳子自然梳下，
　由中央開始剪出引導線。

3.由右邊裁剪至中央。

4.再由中央剪至左邊，將髮片自
　然梳下，不使用任何拉力，以
　齊長剪法裁剪之。

5.以2cm的寬度放下每一層髮
　片，並自然梳下，且以引導線
　為基準裁剪。

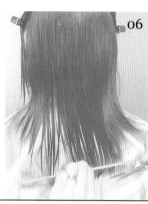

6～7.將GP點至耳邊之後半部的
　　頭髮放下，由中間裁剪至兩
　　側。

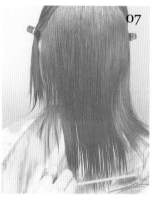

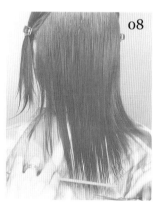

8.保留冠頂區的頭髮，放下兩側
　頭髮，由中間開始裁剪。

9.將兩側頭髮梳至背部，以齊長
　方式裁剪。

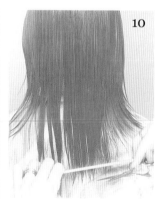

10.將所有頭髮自然放下，以引
　　導線為基準裁剪之，並左右來
　　回檢查頭髮的長度。

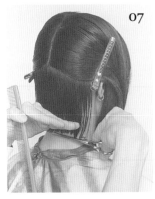

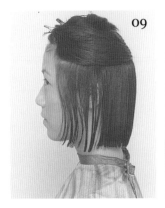

7.相同剪法，由中間剪至兩側檢查。

8.由黃金後部基準點分至側部點。

9.將頭抬高至正常坐姿，頭髮自然梳下，由中間開始裁剪。

10.剪至耳後時，需檢查是否等長。

11. 耳上頭髮需非常注意，不能有
　　任何拉力，否則會造成耳朵附
　　近的頭髮，乾時往上回縮而缺
　　角。

12. 耳前的頭髮，也是相同的拉
　　法，不能有任何的拉力，兩側
　　剪法相同。

13. 拉兩束頭髮在臉上的定點，
　　檢查其長度。

14. 再往2公分分一層髮片。

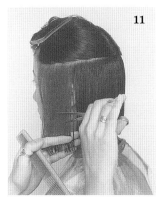

149

21.必須檢查兩邊的引導線是否
　相等，此時可拉等高的兩束頭
　髮做比較，且要由頂部檢查至
　底部基準線。

22.每2cm順斜分髮線，且將髮片
　拉至前面裁剪，並剪至後部正
　中線。

23～25.將所有髮片拉至前面，
　以前面的引導線，由底部剪至
　嘴的高度。

118

26～27.完成兩邊後，將髮束拉
　　至前面檢查兩邊是否對稱。

STEP BY STEP

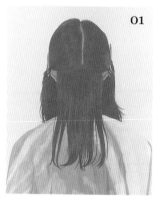
01
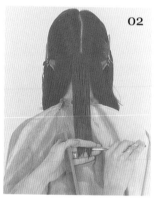
02

03
04

1. 將頭髮洗淨，分出正中線，再由枕骨邊逆斜分至耳下。

2. 由中心線的部分，將頭髮順著梳下來，大約至肩的長度裁剪。

3. 由中心裁剪好的長度，一直線的裁剪至左邊。

4. 再從右邊剪至中間，完成後，此為引導線，所以必須審慎檢查。

基本剪

5. 由後部點逆斜分至耳中，以引
　導線為基準，由中間開始裁
　剪。

6. 由中間引導裁剪至左側。

7. 由右邊剪至中間，完成之後檢
　查，髮片每2cm放下來裁剪，
　直到冠頂區的頭髮放下。

8～10. 當冠頂區頭髮放下時，和
　　先前一樣，以引導線中間開始
　　裁剪至兩側，然後檢查兩側是
　　否有平衡。

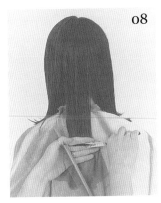

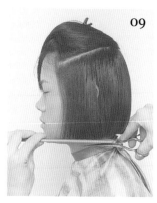

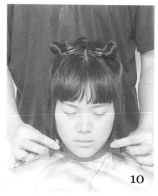

9.裁剪至耳朵的部分時，一定要非常注意，絕不能有任何的拉力，否則外圍線將會有凹洞產生。

10〜11.完成兩側的裁剪後，需檢查是否等長，才能繼續放下一層的髮片裁剪。

12〜13.水平分髮線，繼續往上裁剪，至冠頂區時，將頭髮全部自然放下，不需任何拉力裁剪，同時檢查兩側是否等長。

14.瀏海部分，由頂點至兩前側
　　點，分出頭前三角區。

15.在剪瀏海的部分時，必須先
　　將瀏海吹乾，髮根吹蓬。先以
　　梳子控制裁剪，再自然梳下，
　　以剪刀裁剪。

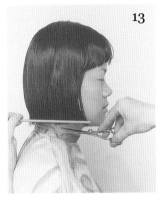

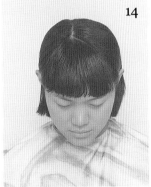

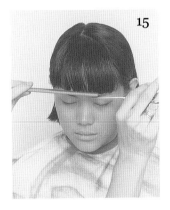

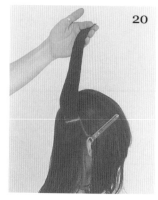

20～21.每一個髮片皆拉至GP點
　　的高度，等高平剪成為方形大
　　層次裁剪。

22～23.將後腦部的髮片，皆水
　　平分髮線，髮片垂直拉至GP點
　　的高度，成方形大層次裁剪。

24.由左側提高髮片檢查未剪到
  的頭髮，直到後腦部，再檢查
  至右側。

24
25

25.後半部髮片完成裁剪後，延
  伸至前半部的髮片，同樣將髮
  片提高90度，方形大層次裁剪
  至側部。

26.髮片延伸至前額髮際線，將
  髮片提高90度，方形大層次裁
  剪，左、右兩側皆同。

26
27

27.左右剪髮完成後，將中間的
  頭髮提高裁剪，確保兩邊一樣
  的高度及長度的方形大層次裁
  剪。

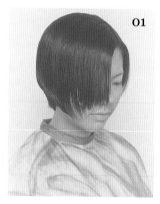

1.在洗淨頭髮後，冠頂區頭髮以自然分線分出。

2.後腦部頭髮以正中線分出。

3.由後部點逆斜分至兩側耳中。

4.在正中線左、右各1cm垂直取出髮片，上長下短，45度裁剪。

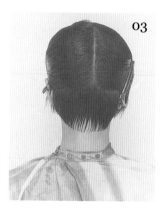

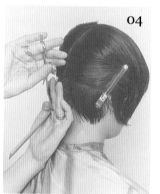

基本真

5.以放射狀分髮線，髮片垂直取出，轉上長下短，45度裁剪，切至頸部。

6.繼續以放射狀拉出髮片，以前面的髮片為引導裁剪。

7.最後一片髮片拉出時，平行於分髮線，45度裁剪。

8.左邊的剪髮方式和右邊相同，只是左手手指朝下。

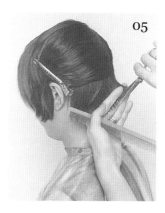

05

06

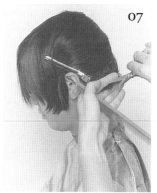

07

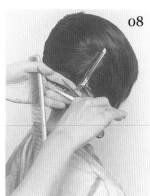

08

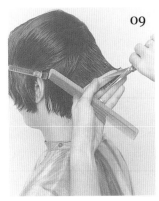

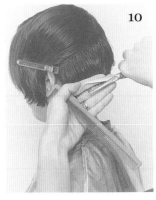

9.由黃金後部間基準點，分至兩側耳後點。由中央髮片垂直拉出，以第一層的引導線為準，45度裁剪。

10.以放射狀分髮線，直至最後一片髮片拉出平行於分髮線，利用引導線為基準裁剪。

11～12.以相同的方式，裁剪左邊。

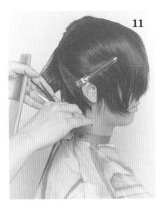

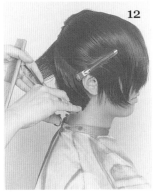

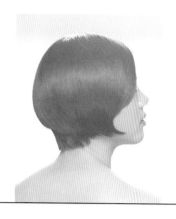

13.由GP點分至耳點，再分一
　區，以之前的引導線為引導裁
　剪。

14.將側頭線分出，頭髮自然梳
　下，由前面剪至耳朵部分。

15.需注意耳朵的部分，不需任
　何的拉力，長度在兩頰的地
　方。

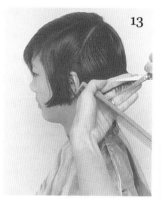

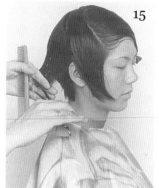

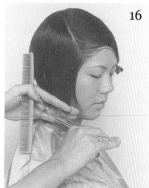

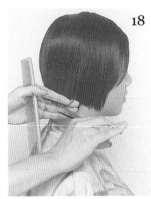

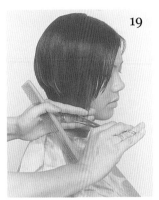

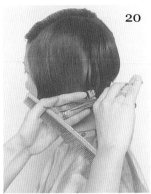

16～17.再以水平方式分髮線，
　　頭髮自然梳下，由後面裁剪至
　　前面。

18～19.水平分髮線，分至自然
　　分線的她方，將所有頭髮自然
　　梳下，不需任何拉力，由後面
　　裁剪至前面。

20～22.左側的剪髮方式和右側
　　　相同，最後以自然分線將頭髮
　　　自然梳下裁剪，完成後，檢查
　　　兩側的高度。

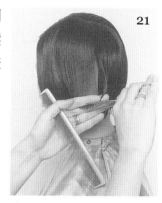

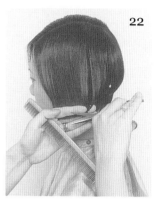

STEP BY STEP

**Classic Graduation**
典雅層次剪法
STEP BY STEP

1.洗淨頭髮後，分出自然髮線。

2.由側部點依頭型弧度，分至後
　頸部。

3.在側中線之前的髮片，自然梳
　下，提高30度，水平裁剪。

4.在側中線之後，髮片提高45
　度，前長後短裁剪至頸部。

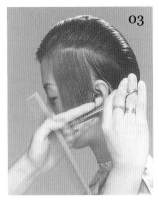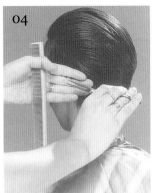

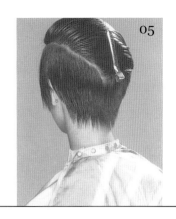

5.由前側點依頭型弧度，分至後
　腦部另一邊。

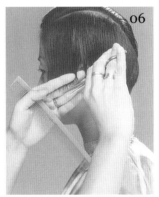

6.側中線之前的髮片，將髮片自
　然梳下，拉至第一層髮片的高
　度裁剪。

7～8.側中線之後的髮片，皆斜
　梳45度，髮片前長後短，拉至
　第一層髮片的高度裁剪。

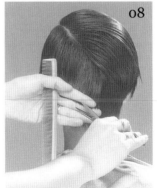

9～10.以順斜分髮線,再往上分
　　　線,髮片皆拉至相同的高度裁
　　　剪。

11.最後一層的髮片,是依自然分
　　髮線將髮片梳下,拉至同樣的
　　高度,由前面剪至後面。

12.另一邊的剪髮方式相同,第
　　一層髮片由側部點,依頭型弧
　　度分至後頸部側中線前,提高
　　30度裁剪。

13.在側中線之後,和另一邊相
　　同,將髮片提高45度裁剪。

14～15.分髮線分至自然分線
　　時，皆依順斜分線，拉高至相
　　同的角度裁剪。

16～17.將頭髮交叉檢查，順便
　　將頭髮提高修飾，以減輕其髮
　　量，完成。

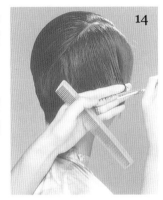

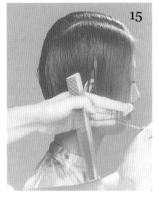

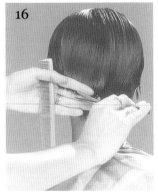

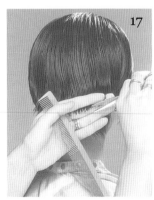

Transient Cut

低層次變化剪法

01

02

1～2.將頭髮洗淨，分出正中
　　線。

3.由枕骨點逆斜分至耳下。

4.45度逆斜分髮片，將髮片平行
　　分髮線提出裁剪。

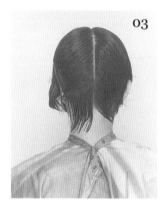
03

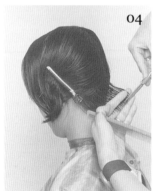
04

174

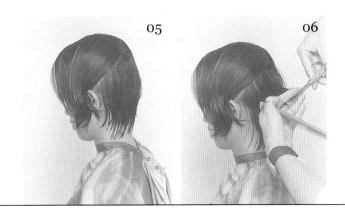

5.由黃金後部基準點逆斜分至耳
　點。

6.此層髮片以第一層髮片為引
　導，45度，拉出裁剪。

7.由GP點逆斜分至側耳點。

8.髮片以第一層引導線的高度，
　提出裁剪。

9～10.當剪至接近側部時，將角
　度放低，以點剪方式裁剪。

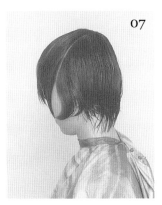

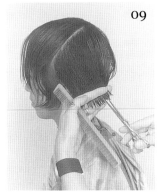
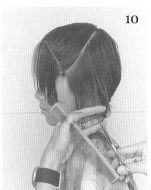

11.將冠頂區頭髮分出，其餘頭髮
　放下，包含前面瀏海部分。

12.這層髮片自然梳下，由後部
　以引導線拉起裁剪。

13～14.耳前的部分，將髮片提
　起一個手指的高度，點剪裁
　剪。

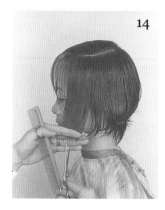
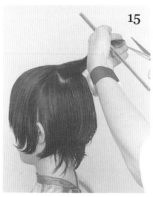

15.在GP點以逆斜分髮線至耳
　邊，將髮片拉高裁剪，為的是
　減輕其髮量，避免在層次上產
　生刻痕。

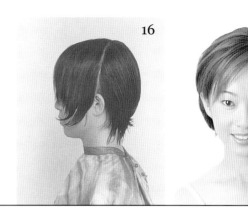

16.以GP點部分為軸心，作放射
　狀分髮線，這一層先分至側角
　點。

17.將髮片提高，以點剪的方
　式，修順其層次，由冠頂區剪
　至側邊。

18～20.放射狀分髮線，將每一
　層頭髮皆往後拉剪，剪至前額
　部分，然後檢查兩邊頭髮是否
　均等，完成。

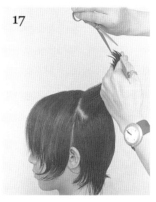

STEP BY STEP

Layered Bob
逆向高層次裁剪 STEP BY STEP

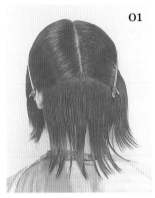
01

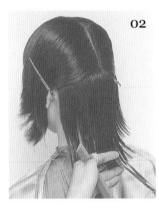
02

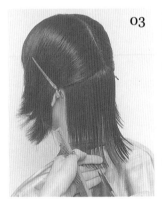
03

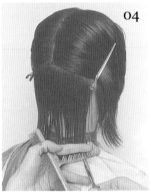
04

1.將頭髮清洗過後,分出正中線,再由枕骨點上2cm逆斜分至耳中。

2.將頭髮自然梳下,由中間的地方,手勢外翻,留一個手指的寬度,點剪裁剪。

3~4.由中間點剪至左邊,再由右邊點剪至中間的地方,此為一條不規則的直線,也就是引導線。

基本

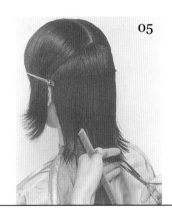

5～6.逆斜分髮線，一層一層往
　　　上分線，髮片自然梳下裁剪。

7.每一層髮片皆由中間開始點
　　剪，依照引導線剪至兩側。

8.將冠頂區頭髮分出。

9.將兩側頭髮自然梳下，順斜剪
　　至嘴角高度，檢查兩側是否等
　　長。

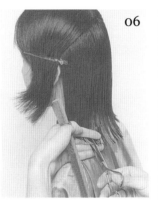

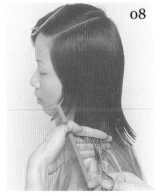

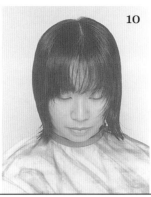

10～12.冠頂區皆以水平分髮線，自然放下，以引導線點剪裁剪，直至梳下所有的頭髮。

13.由後腦部正中線左右各15cm，從GP點至頸部垂直分出髮片。

14～15.從後腦部GP點下的中間區垂直提高髮片，上短下長，至後頸區產生一個弧度在後腦部。

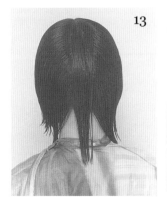

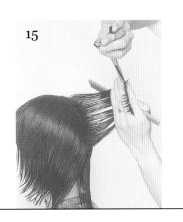

16.以GP點為軸心，用放射狀垂
　　直取髮片裁剪。

17〜18.以引導線，繼續將髮片
　　垂直提高裁剪至後頸區。

19〜20.後半部的髮片，取至耳
　　後垂直提高裁剪。

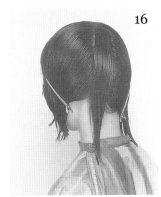

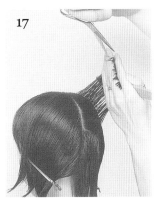

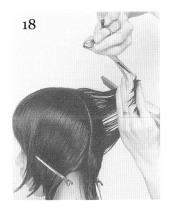

20

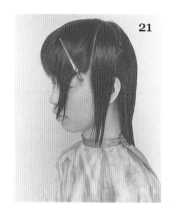

21

22

21～22.在耳點交接處的前半部
　　　髮片，是以耳後的髮片為引
　　　導，拉往後裁剪，為的是保留
　　　前面的長度及重量。

23.將髮片放射狀分至前側點。

24～25.將髮片拉至耳後引導線
　　　裁剪。

23

24

26.將前面的髮片皆拉至後面裁
　　剪，兩邊的剪髮方式相同。

27～28.在瀏海部分的設計，可
　　　依照個性及頭髮生長的方向，
　　　以點剪的方式作不對稱狀的外
　　　形線裁剪。

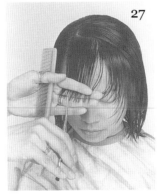
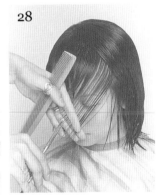

STEP BY STEP

Transient Cut
多變化的裁剪

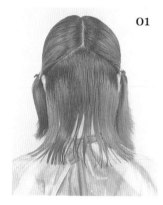
01

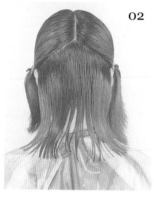
02

1～2.後頭部的頭髮，由正中線分為兩半部，冠頂區的頭髮，由自然分線分出來。

3.由後部點之上2cm逆斜分至兩側耳點，以寬齒梳自然、無張力的狀況下梳下髮片，大約在頸部中央的長度，以點剪的方式來創造柔和的外圍線條。

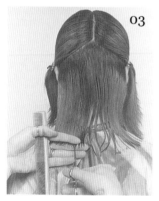
03

04

4.由中央一直線剪至兩側。

5.一層一層地將髮片放下裁剪，
　直到全部的頭髮放下來，以點
　剪的方式，剪出外圍線。

6.兩側的頭髮自然放下，以後面
　的引導線，引導裁剪。

7.由自然分線的地方，以順斜分
　髮線分至正中線枕骨點的地
　方。

8.側中線以前的地方，將髮片自
　然放下，以水平點剪方式裁
　剪。

9～10.側中線之前的頭髮，全部
　　　自然放下，點剪法完成。

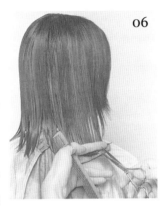
06

07

08

09

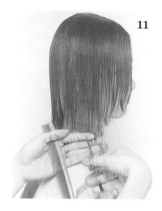

11.側中線之前的髮片和之後的基準線，會產生一個轉角，以點剪的方式將它修飾。

12.以正中線的地方，取出層次引導線，由冠頂區的地方至頸部，髮片直接拉出要的長度，以點剪的方式，將層次的線條表現出弧度。

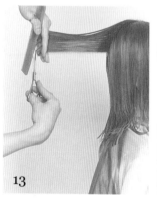
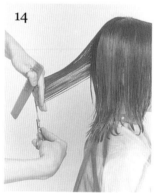

13～14.以點剪的方式，將髮片剪至近底端時，需減輕其重量而保持其弧度線條。

15～16.以冠頂區為一個軸,放
　　　射狀分髮片,分至側中線,每
　　　個髮片垂直拉出來,以點剪的
　　　方式,剪出層次弧度線條。

17.以側中線後的引導線,裁剪
　　至兩側。

18.以順斜分髮線,將髮片自然
　　梳下,以點剪的方式將耳前髮
　　片剪為一平行線,兩側剪法相
　　同,完成後,檢查是否等長,
　　再繼續分髮線裁剪。

15

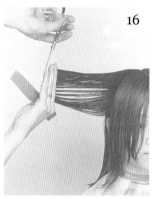

16

17

18

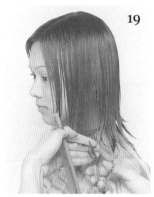

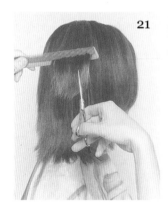

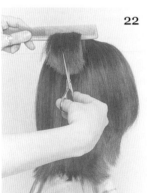

19.將所有的頭髮自然放下,以引導線點剪裁剪。

20.在側中線之前的髮片和之後的基準線,所形成的轉角,以點剪的方式將它剪順。

基本真

21.～25.先將頭髮吹乾，可發現
　　在層次上會有些重量，可順著
　　頭型，以梳子將髮片挑高，以
　　點剪的方式，修剪外圍的重
　　量，可感覺層次的柔順度。

26.依個人狀況，將瀏海梳下一
　　些，以隨意的點剪方式表現。

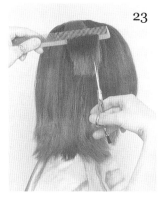
23

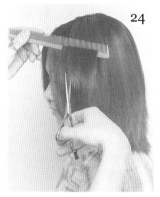
24

25

26

基本

# Layered
## Cuts

長技巧

Soft Edges

198

# Soft Edges

## Soft Edges

# Precision Cuts

Creative

# Soft Edges

# Layered Cuts

基本享

# Layered Cuts

髮技巧

# Precision Cuts

# Precision Cuts

# Creative

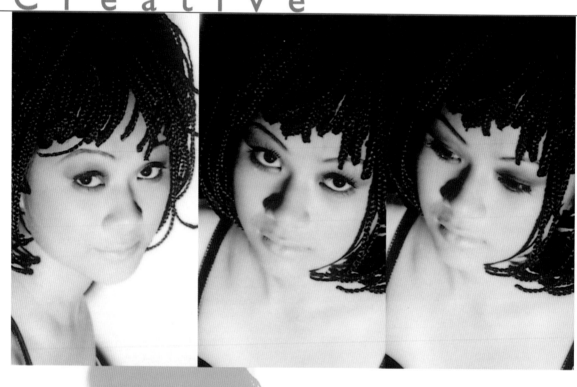

Creative

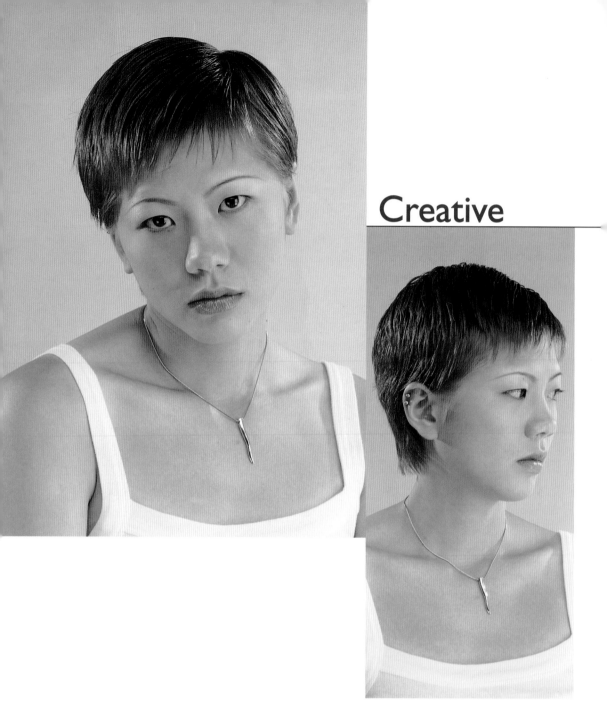

Creative

# precision cuts

precision cuts

precision cuts

215

Creative

216

Creative

217

Creative

218

Creative

219

# Ⅳ 消費者教育篇

# ■ 如何選擇適合的設計師

　　人們總是在忙碌的、繁重的都市生活工作中，找尋自我、找尋解放，有人利用週休出外踏青，有人利用年假作定點旅遊，有人到俱樂部作健身運動，有人逛街以滿足消費的快感，當然也有些人直接在家休息，那兒也不去，動也不想動，像動物到了冬眠期，而有些人想利用時間整理門面，但總是不曉得該如何尋找一位專業的設計師，或者想乾脆就在家隔壁的美容院剪剪吧！或是到附近的連鎖店試試看，要不然聽說那家店不錯，但那位設計師忘了，試試看吧！因此幸運的沒幾個，幾乎剪完之後都是懊惱不已，悔不當初，只好等留長了以後再說，性子急的，就到另一家再修剪，結果越剪越短，此時如何尋找一位適合自己的專業設計師是一門必修的課程，豪華的沙龍門面，外來的設計師（日本、香港等），名氣大的連鎖店，都不代表適合您，如何選擇一位適合您的設計師，可由下列途徑去觀察，判斷、然後才決定是否會是您最好的拍檔。

　　1.經由媒體介紹

　　現在的媒體五花八門，許許多多的媒體都會介紹一些沙龍，包括：大型店、中型店到工作室，你可以看內容的介紹，是否符合您的需求，然後抽個空直接登門造訪，和設計師直接面對面的溝通，就可以知道是否是您想要的。

2.經由朋友介紹

每個人都有自己的風格，不同的品味，獨特的見解，因此不是每個自己所喜歡的設計師，別人也一定會認同，所以可以透過和自己風格相似的同伴，聽聽他們的意見與介紹，或是想換位設計師時，也可以向比較時髦或流行的朋友詢問，打電話給設計師，預約好時間，進行造型的溝通。

3.依照自己的經濟能力

不一定貴就是好，有人喜歡崇洋，外來的和尚會唸經，有人喜歡到百貨公司或飯店裡的沙龍，認為比較高級，或是找非常有名的設計師等，結果所得到的「作品」，根本不適合自己，只是炫燿從那個地方或人所得到的，相信每個地方都有用功努力的設計師，自己的荷包有多少預算，可以尋找到相等級的設計師，只要溝通、討論做的好，技術不差的設計師，也會是您的好選擇。

4.如何選擇

乾淨的儀容，親切的關懷，專業的素養，靈活的技巧，及適度的推薦。乾淨的儀容及親切的關懷，是非常容易觀察及感覺到的，在您一踏入沙龍門口之時，這也是每個沙龍店長都會要求的，專業的素養與靈活的技巧是有方法可參考，例如，您可以提出一些問題（question）包含why（為什麼），how（如何），suggestion（建議）等，讓設計師提供給您意見，看是否符合您的想法，然後看設計師在髮型的技術上是否靈活或是呆板，在完成髮型後，設計師一定會對您推薦，包含燙、染及最後的造型產

Hair Design

品，此時如果設計師用價錢衡量燙、染藥品，或是推薦您買一大堆產品者，您可以考慮換設計師了。所以如何選擇專業的設計師，相信只要注意一些小細節，不難會發現到適合自己需求的設計師。

# ■ 工具類

1. 髮梳的要件是必須柔軟有彈性，不刺激頭皮，同時要夠堅韌，而且梳齒的頂端，圓頭要比尖頭好。
2. 選擇自己用的梳子，最好選用動物毛，例如，豬鬃毛等，在梳髮時比較不容易使頭髮產生靜電，或者是選用防止靜電的梳子，頭髮才不會毛毛的。
3. 梳子應具備耐熱、耐用、防止靜電等三大特性。
4. 剪刀用完後，用棉花沾點酒精消毒乾淨，並在轉軸之間加點油，可保剪刀的壽命長些。
5. 梳子消毒可用紫外線消毒箱，或以消毒水泡5～10分鐘後，沖乾淨吹乾即可。
6. 梳子最好不要共用，以免產生不必要的傳染病或頭皮屑等病症。
7. 選擇吹風機應選用溫度適當，不要太冷、太熱或出風量太大聲，而且吹風機的重量適合自己手腕的力量。

## ■ 洗髮類

1. 洗髮躺著洗比坐著洗適合，因為洗髮最好不要集中在一個地方不斷地搓揉，且洗髮的時間不宜過長，以免造成頭髮的乾澀。

2. 洗髮時千萬不可用梳子刷，因為頭髮在濕潤時受到拉扯，最容易傷害頭皮。

3. 選擇洗髮精的要訣：

   ◇儘量不要用雙效洗髮，應洗髮、潤絲分開最好。
   ◇質地細、泡沫小，容易滲透毛鱗片，清洗乾淨。
   ◇PH值要低，最好偏弱酸，符合頭皮的PH值（4.5～5.5之間）。

4. 洗髮精的正確使用方法是：先將洗髮精倒在掌心，加水以掌搓揉至起泡後，然後均勻地敷抹於頭部，使全部頭髮都沾滿起泡的洗髮精，再用指尖（指腹）輕輕搓揉，千萬不可用指甲用力。

5. 洗髮的水溫可稍高於體溫，洗髮可分為：淋濕、洗淨、沖洗三個步驟，最後的步驟可用冷水沖洗，不僅可使髮絲外層的表皮層頓時收縮，且可促使髮質強韌。

6. 頭髮到底多久清洗一次好呢？一般說來，油性髮質者，每天洗髮一次，中性髮質者，每兩天洗髮一次，而乾性髮質者，則約三至四天洗髮一次。

7. 洗髮時，應讓頭髮起泡一次或兩次，應該視頭髮的情況而定，如果你平常活動量很正常，那麼洗髮僅洗一遍即可，

如果因運動、騎機車或工作而使頭髮又髒又油膩，不妨洗兩遍。

8.現代人最常見的髮質是混合性，頭皮易出油，但是髮尾乾澀，所以洗頭髮時，只需洗淨頭皮的部分，髮尾不需搓揉，帶過即可。

9.可以隨著季節改變而選擇不同的洗髮精，在冬季頭髮通常較乾燥，且油脂分泌較少，可選用溫和性洗髮精；在夏天由於潮溼流汗、油膩，可選用清爽型帶點薄荷的洗髮精，使頭皮舒爽。

10.定期使用專業用淨層洗髮精（每週或每月），清洗頭髮上因造型產品、塵埃、化學品或游泳池中所殘留的氯氣、礦物質等，將其洗淨，才不會影響下一次的燙、染髮。

11.如果使用含藥性洗髮精，例如，頭皮屑或掉髮等，最好不要經常洗，可和一般洗髮精交替使用效果更佳。

## ■ 潤絲類

1.潤絲精的功效，是在髮絲外部形成一層保護膜，可避免頭髮的水分過度蒸發。

2.使用潤絲精時，需特別注意，只塗抹在受損部份即可，千萬別在油性的頭皮抹潤絲，才不會使頭皮更油膩。

3.一旦頭髮均勻抹上潤絲精後，可立即用水沖洗，不需讓潤絲精停留過久，沖淨後，再手冷水沖一遍，使毛麟片緊縮，增加光澤。

4.避免使用高油脂的潤絲精，因為過多的殘留物（例如，蠟）

堆積在髮絲上，日積月累，會使頭髮變粗，失去光澤。

## ■ 燙髮類

1. 燙髮的需要程度因人而異，頭髮多且粗硬者，可選擇髮尾彈性燙，頭髮細而少之人，可將捲子角度拉高，以增加髮根支撐能力，同時多補充一些蛋白質以增加其彈性。

2. 燙髮需多久一次呢？頭髮缺乏彈性容易塌者，可於2～3個月燙一次，若是因造型需要可於半年到1年燙一次。

3. 藥水的好壞不能用味道的香與臭去選擇，含阿摩尼亞的味道較重，相對地也容易揮發，沖水過後味道即沒，藥水的PH值大約在9，如果頭髮不易捲者，較粗者，可選擇PH值較高些，相反地，易捲者或髮質脆弱者，可選擇PH值較低些的藥水。

4. 燙髮前只能用洗髮精清洗，不能用潤絲精，更不要用雙效洗髮精，以避免不易捲或捲度不均勻。

5. 燙髮前可將不好或分叉的頭髮先修剪掉，避免燙過後的秀髮看起來更乾澀。

6. 頭髮經過藥水的整燙，通常需要2～3星期的恢復，讓頭髮重新分泌油脂及水分，才可以再做另一次的藥物處理。

7. 如果想燙染同時進行，最好是先燙髮，待1～2週後再進行染髮，如果程序顛倒，屆時染髮的顏色將因整燙而褪色，頭髮受傷情形也會更形嚴重。

8. 燙髮前應避免過度洗髮，尤其是不要使用含藥性配方或去頭皮屑功效的洗髮精，以免缺乏油脂保護髮質，不妨使用

弱酸性的洗髮精即可。

9.髮質脆弱的人,若想進行燙髮,最好在一個月前即開始進行保養工作,對髮質會比較好。

10.燙髮後第一次洗髮,不妨採用性質溫和的弱酸性洗髮精,洗髮時間至少在燙髮後2~3天清洗,以保持其捲度。

11.燙髮時,要避免讓藥水碰到眼睛、鼻子、嘴巴或皮膚,不小心碰到了,立刻以大量清水沖洗乾淨。

12.燙完頭髮之後,要用潤絲精中和藥水中的鹼性,最好用含草酸的潤絲精,可以去掉多餘的氧氣。

13.燙中做護髮,對頭髮的彈性有相當大的幫助,但要使用高蛋白的產品;燙前、燙後做防護與修護時,也是可依髮質而加以考慮。

## ■ 染髮類

1.想嘗試自己染髮,需把必要的工具準備齊全,例如:手套、染碗、染刷、凡士林、圍巾、工作服、染劑、雙氧水。

2.染髮分為:

◇暫時性染髮:每洗完一次頭,便得重新染整一次,因為染髮劑只是附著於表皮層的關係。

◇半永久性染髮:也就是所謂的護髮染,它可深入表皮層,但卻無法與自然色素結合,但卻可持續4～6週或更多週,頭皮容易過敏的人,不妨改採這種染髮劑。

◇永久性染髮：需與雙氧水配合，直至頭髮長出來，才需
　補染，此種染劑深入皮質層，與色素粒子結合，所以它
　所染出來的髮色看起來最為自然。

3. 染髮前一週要避免使用內含矽靈的洗髮精（例如，雙效洗
　髮精）與毛鱗片修護液，因為頭髮上會殘留潤絲護膜堆積
　物，染劑不得其門而入，降低上色效果。

4. 如果頭髮上有造型產品殘存，最好先用髮梳梳落，非得洗
　頭時，也應小心使用指腹，而避免抓傷頭皮，引起染髮時
　的刺激感。

5. 頭髮要避免過度的吹乾、染髮，否則對髮絲的損傷極大。

6. 自己染髮時，不妨考慮先從最難染的後腦勺，髮鬢等處著
　手，而想獲得較滿意或特別的效果時，染劑可停留時間長
　些，但像瀏海這類很輕易就上色的部分，最好最後再染。

7. 戴手套，在髮際與臉線等處塗抹凡士林或水溶性護髮乳
　等，均可避免染劑沾到皮膚。

8. 注意看每種品牌染劑的使用說明書，才能避免使頭髮受到
　傷害。

9. 需要控制好操作的時間，不能太長，否則先染的已經過色
　很多，而剛染的還未入色。

10. 永久性染髮需具備較多專業性技術，如果自己沒有辦法操
　　作的很熟練，最好還是交由美容院中的專業人員執行，較
　　為妥當。

11. 如何維持染髮後髮色的亮麗技巧？注意：不要過度日曬，
　　長時間接觸海水、游泳池，多撐傘、戴帽子，可避免頭髮
　　褪色，另選用染髮後專用洗髮精亦有助於維持頭髮上的色
　　彩。

12. 不要使用染髮劑染眉毛或睫毛，這是非常危險的舉動，因為染髮劑有腐蝕性，萬一染髮劑不慎跑進眼睛裡，應立刻用大量清水沖洗，要是有疼痛、紅腫的現象，必須立刻去看醫生。

13. 如果怕染髮傷害到頭皮，而頭髮看起來又黑又重，或是想改變一點顏色，可用挑染達到其效果。

14. 孕婦或是準備生育子女的婦女應避免染髮，以免因使用化學藥劑不當而影響胎兒的生長。

## ■ 髮質類

1. 自然捲的頭髮，大部分在頭皮較為油膩，而髮絲及髮梢部份則較為乾燥，因此在使用護髮用品時，應只塗抹於髮絲部份，千萬不要擴及頭皮，以免刺激頭皮油脂的分泌。

2. 不要將頭髮長時間做編髮、捲髮或其他緊束的髮型處理，應適時地鬆放，使秀髮充分地恢復原有的彈性。

3. 減少頭髮編、梳或綁的次數。

4. 商業性的髮質分析，根本就是誤導，騙取顧客金錢的商業行為，因為髮質分析，存在著許多變數，例如，種族、年齡、個人髮質、先前的染和燙、使用何種洗髮精、外在環境等，均會影響分析的結果。

5. 如果真的遇到頭皮或頭髮上一些問題或病症，不如去請較有經驗的醫生會更好一些。

# ■ 髮病類

1.毛麟片的受損，意味著頭髮受太多人為或自然因素的破壞，欲改善這種現象，最直接的方式便是避免做不適當的髮質處理或過度的風吹日曬。

2.何謂機械性的人為傷害？

◇長時間的拉曳頭髮，例如，綁辮子或馬尾。

◇不當的梳刷，例如，經常梳髮，梳到產生靜電。

◇美髮師的疏忽，例如，吹風機緊靠髮絲，加高熱來回猛吹。

◇其他傷害，例如，洗髮精指甲抓頭，洗完髮後用毛巾用力地擦頭，或使勁用梳子在濕潤的頭髮上梳刷及平板燙將毛髮拉直等。

3.想擁有一頭美麗的秀髮，給您以下的建議：

◇儘量避免為了整燙而經常上捲子。

◇睡覺時頭髮不可緊束在髮捲器上。

◇不要讓頭髮緊束或某種固定髮型，例如，馬尾。

◇在使用捲髮器時，必須不定時地鬆開，使頭髮有恢復彈性的機會。

◇儘量少做染、整、燙等處理，避免用力梳刷頭髮。

4.染、整、燙等藥劑傷害的原因有哪些？

◇使用次數過於頻繁。
◇化學藥劑使用不當。
◇未遵照產品說明使用。
◇未沖洗乾淨。

5.頭髮的病變包含，異常脫落、頭皮屑、皮脂漏和頭癬等。

◇異常脫落的原因：常見的有口服避孕藥的副作用，生病、手術、分娩、甲狀腺分泌失調、過度勞累、情緒性緊張、睡眠不足、營養失調等。
改善方法：
◆補充營業。
◆清除情緒緊張。

◇頭皮屑的原因：荷爾蒙分泌的改變，暫時性失調、頭皮乾燥（洗頭次數過多、環境的改變），季節性（秋冬較易產生頭皮屑）。
改善方法：
◆充份的休息及足夠的睡眠。
◆攝取足夠的營養。
◆確實的清洗乾淨頭髮。
◆不要和別人共用梳子。
◆可選擇去頭皮屑的洗髮精。
◆必要時接受醫生治療。

◇皮脂漏的原因：情緒上的緊張，荷爾蒙分泌失調，營業

不良或其他病毒感染，而大多數是因家庭遺傳有關。

改善方法：

◆改變生活習慣，疏導身心壓力與緊張。

◆若細（黴）菌感染，可使用抗生素或其他抗黴菌靈素
　等藥物治療。

◆情況嚴重需經醫生診治。

◇頭癬的原因：和前述兩種症狀一樣，並非單一的病因所
　造成，家庭性和遺傳性更主因。

改善方法：

◆輕微者，可使用治療頭皮屑所使用的藥性洗髮精。

◆嚴重者，最好請教於醫生。

＊正常的掉髮，平均每人一天約50～100根之間。

## ■ 護髮類

1.如何消除克服緊張，讓自己的身心情緒得到舒緩，放鬆自
　己，才是現代人能夠擁有一頭烏黑亮麗秀髮的最大秘訣。

2.內在的心情調適，外在的護髮工作，必須雙管齊下，效果
　更加。

3.護髮的工作，可在修剪完頭髮之後做，也可以選擇定期的
　護髮時間（例如，髮質較差者，每星期護一次，普通差者
　，每兩星期至一個月護一次）如此持之以恆必有所改善。

4.選擇護髮產品，也是有小訣竅的，髮質細且容易塌者，可
　選擇含高蛋白產品幫助其恢復彈性，髮質粗且乾澀者，可

選擇保濕成份較多者，千萬不要拿潤絲精（conditioner）當作護髮產品使用，也不要選擇太油質性的產品，否則頭髮上會有許多堆積物。

5.不妨選擇沙龍產品，由專業設計師介紹給您使用，先用完一組看效果如何，再考慮是否改換別組，才不致於浪費錢又看不到功效。

6.買適合自己的產品及準備一頂護髮帽，就可以自己在家裡DIY一下，何樂而不為？

## ◼️ 造型類

1.什麼樣的髮型才是最好的髮型？我覺得自己必須能在家庭整理的髮型，才是最好的髮型。

2.剪髮是髮型設計的基礎，所以在剪之前，必須要了解髮質，包含：頭髮的彈性，粗細程度，頭骨的形狀，頭髮生長的走向，髮漩的方向，髮根的高低等。

3.髮型的設計，必須配合一個人的髮性、五官、臉型、體型等等主觀條件，還必須注意到符合個人生活型態等客觀因素。

4.鑽石形臉（菱形臉）

◇特徵：兩頰較寬，額頭及下巴顯得尖。

◇建議：頭部剪成柔和的層次，自然地覆蓋頭頂的最高處。

5.鵝蛋形臉（橢圓形臉）

　　◇特徵：標準臉型，任何髮型皆適合，你可以選擇任何想
　　　要的造型。

7.了解臉型之後，就要開始注意到五官的設計，例如，鼻樑
　的高低，額頭的長短，下顎是否突顯，頸部線條的長短
　等。

8.體型也是髮型設計的考量，例如，矮胖、矮瘦、高胖、高
　瘦等。

9.最後的髮型設計是必須考慮年齡問題及生活型態，工作及
　流行感等，如此才能給予自己最舒適自然的髮型。

10.想要擁有自己的髮型，自己必須多翻一點雜誌等流行的東
　　西，做做功課，再和專業設計師討論，就能呈現出屬於自
　　己的髮型。

11.髮型設計也是人們運用感覺作另一種藝術的表現並非由電
　　腦設計所能取代。

Hair Design

# 參考文獻

Hair Design

邱桂蓉、張恆勳（民84），《髮型原理技術經典》。台北：弼上企業有限公司。

游照玉，《最新美髮學》。

高石宣和、中山富夫（民84），《髮藝設計入門》。台北：邯鄲。

柏海寧（民76），《髮型師專業手冊》。香港：風華。

Hair Design

# 髮型設計

著者◇李樹德

出版者◇揚智文化事業股份有限公司

發行人◇葉忠賢

責任編輯◇賴筱彌

美術編輯◇余衍

登記證◇局版北市業字第1117號

地址◇台北市新生南路三段88號5樓之6

電話◇(02)23660309　23660313

傳真◇(02)23660310

法律顧問◇北辰著作權事務所　蕭淋雄律師

定價◇新台幣800元

印刷◇喬程彩色製版印刷有限公司

初版一刷◇2000年7月

網址◇http://www.ycrc.com.tw

E-Mail◇tn605547@ms6.tisnet.net.tw

ISBN◇957-818-140-X

版權所有‧翻印必究

本書如有缺頁、破損、裝訂錯誤，請寄回更換

髮型設計=Hair Design / 李樹德著.--初版

.--臺北市：揚智文化, 2000[民89]

面；公分.--（美容叢書；2）

ISBN 957-818-140-X（精裝）

1. 髮型

424.5                                        89006435